건강하고 똑똑한
뇌를 위한

뇌몸
사용설명서

건강하고 똑똑한
뇌를 위한

뇌 몸
사용설명서

오철현 지음

프롤로그

우리는 뇌에 대해 어떻게 이해를 하고 있을까? 몸이 아프면 습관처럼 바로 살펴보고 어느 정도는 치료가 가능하다. 그러나 약 1.30킬로그램 정도에 불과한 뇌에 대해서는 어느 부위에 이상이 있는지를 알기가 매우 어렵다.

이 책은 작은 뇌가 몸에 어떤 영향을 주는지 의학적, 과학적 증거를 가지고 이야기를 풀어간다. 물론 이 책이 뇌의학과 뇌과학에 대한 전체를 대변하지는 않는다. 아직 풀리지 않은 많은 의학적이고 과학적인 문제가 남아 있고, 지금도 많은 과학자들이 뇌의 신비에 대해 연구하면서 매듭을 하나씩 풀어가고 있는 중이기 때문이다.

따라서 많은 석학들의 과학적 접근을 대변하여 이야기를 풀어가면서 새로운 정보를 공유하고자 하였고, 그것을 바탕으로 하여 뇌에 대해 조금은 고민을 하게 되고 뇌를 통해 몸에 전달되는 신호를 감지할 수 있게 되는 데 도움이 되고자 하였다.

사실 당신이 지금 느끼고 있는 몸의 신호는 이미 뇌에서 당신에게 인식시키고 전달하고자 한 결과이다. 몸에서 일어나는 일들에 대해 뇌는 이미 알고 있다. 그럼에도 아직까지 뇌 따로 몸 따로 다르게 인식하고 각자도생의 길로 가고 있는 것이 현실이다.

당신의 뇌에 어떤 이상 징후가 생기게 되면, 그로 인해 몸에 이상이 오면 당신은 어떤 일을 먼저 하는가. 해결책은 많지 않다. 특히 심각한 증상이 생기면 막막함이 더할 것이다.

하지만 조금만 뇌와 몸의 흐름을 알게 되면 답을 찾을 수 있다. 모든 것은 뇌에서 시작하고 몸에서 반응하는 것이기 때문이다.

이 책을 쓰면서 고심했던 점은 어떻게 하면 뇌에 대해 전반적으로 이해하고 뇌몸의 건강과 활력을 유지할 수 있는지 이해시킬 수 있는가였다. 하지만 이는 여전히 쉽지 않은 일이었다. 복잡한 부분들이 여럿 있다.

하지만 어려운 부분은 그냥 지나가도 된다. 전체적인 흐름에서 '아, 이렇구나.' 하고 생각하는 정도에서도 많은 것을 얻을 수 있을 것이다.

필자는 19년 전부터 산모들의 기형아 출산을 줄이기 위한 영양학적 레시피를 만들었으며, 그런 과정에서 산모들 대부분이 비타민 D가 부족하다는 것을 검증하였고, 임신주기에 따라 반드시 필요한 비타민과 미네랄에 대해 이야기했던 바가 있다. 뇌도 스스로를 보호하고 생존하기 위해 많은 영양소를 필요로 한다. 따라서 뇌몸에 대한 이해와 영양학적 접근을 시도한다.

필자는 예방의학 박사로서, 연구자로서, 당신이 이제는 뇌가 말해 주는 것들에 대해 이해하고 그것이 몸에 대해 미치는 것들에 대해 이야기하고 싶었다. 주변에서 흔하게 찾을 수 있는 식품이 당신의 뇌에서는 수십 년 간 매일매일 요구하고 있는 영양소일 수도 있음을 알려주고 싶었다. 미리 뇌의 이상 징후를 감지하고 예방할 수 있기를 기대한다.

뇌세포가 재생되지 않는 것으로 알고 있는 경우를 심심치 않게 본다. 하지만 뇌는 어린아이는 물론 노인이 되어도 계속해서 세포를 생성한다. 당신이 멈추지 않는다면 뇌는 멈추지 않는다. "나이가 들어서 뇌와 몸이 문제가 생기고 쇠퇴된다." 라고 당연하다고 이야기 하지 말라! 뇌에 이상 징후가 생겨서 더 이상 희망이 없다, 라고 말하지 말라.

누가 당신을 평가할 수 있는가! 당신이다. 그 누구를 탓하지 말고 다시 시작할 수 있다. 뇌가 속삭이는 소리를 들어 주고 몸이 하는 이야기를 조금만 뇌와 연관해 생각해보자. 모든 것은 뇌에서 시작한다. 그리고 절제된 운동과 영양소, 흩어져 있는 뇌의 파편 조각을 맞추어 주자. 흥미롭고 즐거운 삶이 당신에게 다가올 것이다.

차례

PART. 1

뇌몸 이야기

뇌는 생존을 위해 일한다

뇌는 그저 신체기관일 뿐이다

많은 사람이 '뇌'라는 신체기관을 '사고력'과 연관 지어 생각한다. 논리력, 사고력, 창의력 등 오직 뇌만이 할 수 있는 특별한 능력을 위해 존재한다고 믿는다. 하지만 뇌는 그저 우리 몸의 신체기관 중 하나일 뿐 그 이상은 아니다. 다만 뇌는 우리가 손과 발을 움직이고, 말을 하고, 심장을 뛰게하고, 기분이 좋아지거나 혹은 나빠지게 하는 '원인'이다.

『이토록 뜻밖의 뇌과학』을 집필한 리사 펠드먼 배럿Lisa Feldman Barrett은 심리학과 신경과학 분야에서 혁신적인 연구를 하는 신경과학자로 유명한 인물로 기존에 널리 퍼져 있는 뇌에 관한 관념이 사실과 다르다고 말한다. 그중 하나가 바로 책 속에서도 언급한 '뇌는 생각하기 위해 존재하는 게 아니다.' 라는 내용이다.

"뇌의 핵심 임무는 이성이 아니다. 감정도 아니다. 상상도 아니다. 창의성이나 공감도 아니다. 뇌가 맡은 가장 중요한 임무는 우리 몸이 생존을 위해 에너지가 언제, 얼마나 필요할지 예측하는 것을 통해 가치 있는 움직임을 효율적으로 쓰도록 신체를 제어하는 것, 곧 알로스타시스를 해내는 것이다."

_ 1/2강. 뇌는 생각하기 위해 있는 게 아니다. _Lisa Feldman Barrctt)

대부분 뇌가 없는 생명체가 지구를 장악하고 있던 시절, 수많은 생명체 중 하나는 활유어였다. 활유어는 약 5억 5천만 년 전부터 바다에 살면서 지극히 단순한 삶을 살았다. 그저 먹고, 배설하고, 자는 게 전부였다. 특히 죽은 듯이 바다 밑에 자리를 잡고 누워 있다

약 5억 5천만 년 전부터 바다에 살던 활유어

가 작은 생물체가 입으로 흘러들어오면 맛과 냄새를 가리지 않고 섭취하는 식사 방식은 무식할 정도였다. 후각은 물론 없었고, 미각 심지어 빛을 감지하는 세포만 있을 뿐 딱히 시각이라고 부를 수 있는 눈조차 없었다. 그 대신 빈약한 신경계에 아주 작은 세포 덩어리만 있었는데, 지금 우리는 그 세포 덩어리를 '활유어의 뇌'라고 부른다. 이 활유어가 우리의 조상인 셈이다.

대부분 사람은 이처럼 보잘 것 없던 활유어의 뇌가 현재의 우리 뇌로 진화한 이유를 '생각하기 위해'라고 답한다. 확실히 우리는 활유어에게 없는 뼈, 내장기관, 팔과 다리, 오감 그리고 무엇보다 진화한 뇌가 있다. 우리는 신체 일부가 아니라 몸의 중심인 뇌에서 생각과 감정을 일으키고 맥박을 빨리 뛰게 하며 손발을 움직이는 등 다양한 변화를 이끌어낸다.

하지만 뇌는 생각하기 위해 존재하는 게 아니다. 단지 신체를 운영하기 위해 존재하는 것이다. 뇌는 우리 몸에서 무엇인가를 필요로 할 때 스스로 충족할 수 있도록 반사적으로 예측하고 대비하는 '알로스타시스'를 해내는 기관이다. 이러한 기관은 에너지가 본격적으로 절실해지기 전에 미리 효율적으로 몸을 움직여 조금 더 생존할 수 있도록 제어하는 역할을 한다. 다시 말해 우리 뇌는 아직도 활유어처럼 '생존'을 위해 일하는 것이다.

우리 뇌가 맡은 임무는 생각하는 것이 아니다. 즉 생각이라는 일을 하기 위해 있는 기관이 아니다. 다만 생존을 위한 신체기관으로서 다른 기관과 정보를 주고받는 '진짜 일'을 하다 보니 생각이라는 부산물이 만들어진 것이다. 다시 말해, 생각이란 우리로서는 '얻어 걸린' 행동이라고 보아도 무방하다.

그렇다고 해서 뇌가 다른 신체기관처럼 단일화되어 있고, 특징이 없다는 것은 아니다. 어금니 하나가 없으면 그 뒤에 있는 어금니가 대신 일할 수 있지만 뇌가 없다면 그 자리를 대체할 기관은 없으니까.

뇌에 관해 퍼져 있는 관념은 사실 우리가 꿈꾸는 뇌에 대해 가지고 있는 환상에 지나지 않는다. 물론 뇌가 우리가 자주 말하는 '고등생물'로서의 사고력을 다루는 기관이 아니라는 점은 확실하지만, 다른 신체 일부와 분명히 구별되는 특별한 기관이라는 점 또한 사실이다.

가장 큰 특징은 뇌가 우리 몸 전체와 유기적인 정보처리를 수행하는 네트워크의 중심이라는 점이다.

뇌는 통제 센터다?

신경과학 연구가 눈부시게 발전함에 따라 대중 또한 단순히 건강을 넘어 '뇌 건강'이라는 특정 분야에 관한 관심이 커지고 있다. 앞서 언급한 것처럼 뇌는 우리 몸이 생존하도록 만드는 신체의 일부에 지나지 않지만, 모든 신체기관을 통제하고 연결하는 플랫폼으로서 상호작용을 한다는 점이 특징이다.

『생물학적 마음(The Biological Mind: How Brain, Body, and Environment Collaborate to Make Us Who We Are)』을 저술한 앨런 재서노프Alan Jasanoff는 뇌를 신체와 함께 환경까지 고려하는 관점이야말로 정통 과학적 연구라고 강조한다. 뇌를 독립된 신체기관으로서만 서술할 수 없다는 것이다.

일반적으로 뇌가 혼자서 우리 몸을 통제한다고 생각한다. 하지만 실제로 뇌는 신체 곳곳에서 보내는 신호와 정보를 연결하여 상호작용하는 시스템이다. 즉 '뇌는 통제 센터가 아니라 통합 센터에 가깝다.'

만약 정신질환의 원인을 뇌의 기능 고장이라고만 치부한다면, 미술치료나 음악치료 또는 환경 개선을 통한 치료를 통해 개선될 수 있다는 가능성을 무시하는 셈이 된다. '뇌가 혼자 알아서 다 한다.' 라는 믿음은 질병이나 기능의 문제를 개인에게 전가하는 것일 뿐 사회적인 차원으로써 대안을 제시하지도, 그럴 필요성도 느끼지 못하게 만든다.

실제로 정신질환은 문화나 환경에 따라서도 발병하고 없어지기도 한다. 동성애는 과거 정신질환으로 간주되었지만, 지금은 그렇지 않다. 또한 연구 결과에 따르면 도시 환경에서 태어나거나 자라면 조현병 발병 가능성이 더 높다.

뇌에 관한 오해와 진실

고등생물이라는 자부심과 얽힌 뇌의 사고력에 관한 오해는 앞서 설명했다. 하지만 뇌에 관한 오래되고 잘못된 관념은 생각보다 많다.

인간은 뇌의 일부만 사용한다?

스칼렛 요한슨과 최민식이 출연한 영화 '루시'는 평범한 여성(스칼렛 요한슨)이 특이한 약물을 통해 뇌를 100% 사용할 수 있게 되고, 인간이라고 믿을 수 없을 만큼 힘이 강해지며, 물건을 염력으로 움직이거나 심지어 시간을 마음대로 되돌리는 등의 초능력을 사용할 수 있게 되는 내용이다.

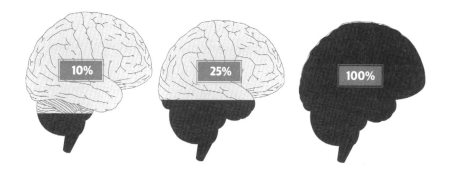

이러한 스토리를 위한 기본 배경이자 이론은 다음과 같다.

현재 인간은 뇌의 10%만 쓰고 있으며, 만약 뇌의 24%를 사용하면 신체의 모든 행동을 통제할 수 있고, 40%를 쓰면 모든 상황을 제어하며, 62%에 이르면 타인의 행동을 조절하고 100%, 즉 뇌의 전체를 사용하면 인간의 한계를 뛰어넘는다.

우리가 뇌의 10%밖에 쓰지 못한다는 말을 많이 들어보았을 것이다. 아인슈타인의 뇌와 관련해서 나온 이야기이지만, 실제로 기록된 내용은 없다. 무엇보다 신빙성이 떨어지는 이유는 이러한 주장이 무려 20세기 과학을 바탕으로 나왔다는 사실이다.

"우리는 가용 가능한 정신적, 신체적 자원의 극히 일부만 사용하고 있습니다."

이는 지금으로부터 무려 100년도 더 오래전인 1907년, 미국의 유명한 심리학자 윌리엄 제임스William James가 한 말이다. 그리고 이러한 주장은 1936년 저널리스트인 로웰 토마스가 자기계발 서적인 『카네기 인간관계론(How to Win Friends and Influence People)』에서 '10% 뇌 이론의 시작은 윌리엄 제임스'라고 언급하며 널리 알려지게 됐다. 또한 이 주장에는 '천재 과학자인 알버트 아인슈타인 박사도 뇌의 15%밖에 사용하지 못했다.' 라는 그럴듯한 설명이 따라붙었다.

하지만 그와 관련된 기록은 아인슈타인 기록보관소를 비롯해 어떠한 곳에서도 찾을 수 없다.

한 세기가 지난 후, 크리스토퍼 차브리스Christopher Chabris와 다니엘 사이먼스Daniel Simons 교수는 2012년, 미국 「월스트리트저널」에서 '단지 당신 두

뇌의 10%만 사용한다고? 다시 생각해봐(Using Just 10% of Your Brain? Think Again)'라는 제목으로 기사를 내면서 이러한 속설은 거짓이라고 밝힌다.

실제로 뇌영상 기술을 이용해 뇌를 스캔해보면 우리가 뇌의 모든 부분을 사용하고 있다는 것을 알 수 있다. 일부에만 '불이 들어온' 뇌 영상 이미지 때문에 우리가 뇌를 10%만 사용하고 있을 뿐이라는 속설에 힘을 실어 주었지만, 뇌의 활동량이 기준치를 넘는 영역에만 불이 들어오는 것일 뿐 어두운 부분이 잠들어 있거나 사용되지 않는 것은 아니다. 즉 슬프게도 우리 뇌는 이미 100%를 사용하고 있다. 지금이 최선이라는 뜻이다.

클래식 음악은 태교에 좋다?

1998년 미국 조지아주 주정부는 클래식 음악 CD를 다음과 같은 주지사의 메시지와 함께 신생아를 둔 가정에 보급했다.

"부모님과 아기 모두 이 음악을 즐기기를 바랍니다. 그래서 아기가 똑똑한 삶을 시작할 수 있기를 기원합니다."

이러한 일은 '모차르트 효과'에 대한 믿음으로부터 벌어졌다.

모차르트 효과는 본래 프랑스 이비인후과 의사인 알프레드 토마티스 Alfred A. Tomatis 박사가 처음 주장하였으나 크게 주목을 받지 못했고, 1993년 캘리포니아대학교의 라우셔 Frances Rauscher 교수가 실시한 실험이 세상에 드러나면서 붙여진 이론이다.

라우셔 교수의 주도로 시작한 연구는 대학생을 세 그룹으로 나누는 것부터 시작됐다.

첫 번째 그룹에는 모차르트의 대표곡 '두 대의 피아노를 위한 소나타 D 장조'를 들려주었고, 두 번째 그룹에는 평범한 사람의 목소리를, 그리고 세 번째 그룹에는 아무 소리도 들려주지 않았다.

각각 10분 간 음악을 감상한 후 실시한 IQ 테스트 결과, 첫 번째 그룹은 공간-추론 능력이 향상된 것으로 나타났다. 실험 대조군인 두 번째 그룹과 세 번째 그룹에 비해 IQ 검사에서 더 높은 점수를 받은 것이다.

이러한 내용을 담은 논문 「음악과 공간적 과제 수행(music&spatial tak performance)」이 「네이처」지에 발표됐다. 그리고 해당 내용은 NBC 뉴스를 통해 전국으로 퍼져나갔는데, 이후 미국 레코드 가게에서는 해당 실험에 쓰인 '두 대의 피아노를 위한 소나타 D장조(K448)' 음반의 품절 대란이 일어나기도 했다.

미국 뉴욕시의 일간지 「뉴욕타임스」는 '모차르트는 지능에 영향을 미치는 음악을 만든 세계 최고의 작곡가'라는 기사를 냈으며, 마찬가지로 미국의 일간지 「보스턴 글로브」는 아이들에게 클래식 음악을 가르치면 지능이 높아진다는 연구 결과를 보도하기도 했다.

그러나 실제는 달랐다.

라우셔 박사는 훗날 '실험을 통해 전체 지능 가운데 하나인 공간-추론 능력이 일시적으로 향상됐다고 발표했지만 미디어를 통해 지능이 향상된다는 내용으로 전달되었으며, 록 음악과 헤비메탈을 좋아하는 사람들로부터 비난을 받았고, 연구 결과가 와전되었다.' 라고 전했다.

앞서 언급했듯 주지사가 신생아가 있는 가정에 클래식 음악 CD를 나누어 준 것 역시 박사의 의지는 물론, 실험의 취지와는 맞지 않았다. 즉 미디어를 통해 실험 결과가 와전 및 비약된 것이다.

미디어를 타고 널리 퍼진 모차르트 효과는 해당 음반을 베스트셀러로 기록되게 만들었고, 이와 관련한 서적과 클래식 음악을 편집한 음반 '육아와 교육' 시장에서 블루오션으로 떠올랐으나 모차르트 효과에 대한 증거는 없었다. 그리고 '모차르트 효과는 단순한 정서적 각성일 뿐이며, 음악은 대부분 사람의 기분을 고양하므로 일시적으로 자신의 머리가 좋아지는 것으로 착각하는 것이다.' 라는 반대 의견이 쏟아져 나왔다.

1999년 미국 애팔래치안주립대학교 연구팀의 실험 결과도 '클래식 음악과 IQ 사이에는 인과관계가 없다.'였고, 이후의 16건의 실험에서도 모차르트 효과를 입증하지 못했다.

그렇다면, 태아는 클래식 음악이나 외부의 소리를 듣고 어떤 반응을 하기 위해 어떤 단계로 진행될까?

태아는 음악이나 소리 영역에서 외부의 소리를 듣기 위해 산모의 몸 방음된 공간 속에 들어가 있는 것과 같은 상태이다. 저음이나 높은 음의 소리는 걸러지고 오로지 낮은 주파수에 긴 파장의 음만이 전달된다. 따라서 산모 안에 있는 태아에게 음악을 들려주는 것은 무의미하다. 다만 태아에게 전달될 수 있는 낮은 주파수의 리듬이나 진동이 엄마의 평온한 뇌 릴렉스와 부드러운 신체의 리듬감, 소리의 파동과 조화롭게 화음을 이룰 때 태아는 안정감과 평온함을 느끼며 뇌와 몸에 영향을 준다.

태교음악은 태아에게 직접적인 영향은 없지만 산모의 뇌를 통한 몸의 릴렉스가 혈액의 순환, 심장박동의 안정, 근육의 이완으로 이어져 태아가 자라는 데 좀 더 좋은 환경을 만들어 줄 수 있다.

뇌세포는 한 번 죽으면 끝이다?

쥐와 토끼, 조류 등 대부분의 생물은 성체가 된 이후에도 새로운 신경세포(뉴런)를 생성한다. 하지만 인간은 어릴 때 만들어진 뇌세포로 평생을 산다고 믿는 사람이 많다.

인간 또한 성인이 되어서도 새로운 뇌세포가 성장할 수 있다는 증거는 다른 생물의 뇌세포를 연구한 지 130년이 흐른 시점에서도 발견되지 않았다. 그러던 중 1998년 스웨덴과 미국의 공동연구팀이 성인의 뇌에서도 기억과 감정을 처리하는 뇌 영역인 해마가 뉴런을 포함한 새로운 세포를 생성하고 있다는 것을 밝혀냈다.

이어 2014년에도 스웨덴 카롤린스카연구소 팀이 DNA 속 탄소-14의 흔적을 추적하여 인지와 운동 제어에 관여하는 '선조체' 영역에서 평생 동안 새로운 뉴런이 만들어지고 있다는 사실을 입증했다. 즉 인간의 뇌는 동물의 뇌만큼 활발하지는 않지만, 성인이 되어서도 꾸준히 새 뇌세포를 생성하고 있다.

남성과 여성의 발달한 뇌 부분이 다르다?

흔히 여자는 좌뇌 성향이 있으며 남자는 우뇌 성향을 타고 난다고 알려져 있다. 좌뇌형 인간, 우뇌형 인간이라는 말은 특히, 교육계에서 심심찮게 들을 수 있을 정도로 널리 퍼진 속설이다.

그러나 이 보편화된 이론은 모두 거짓이며, 뇌의 활동에 따라 좌뇌형, 우뇌형 인간으로 나눈다는 것부터 어불성설이다.

미국 유타대학 신경과학 전문가인 제프 앤더슨Jeff Anderson 박사는 연구팀과 함께 뇌를 7천여 개 구역으로 나누어 좌뇌, 우뇌의 활동에 따른 차이를 관찰했다. 그리고 그 결과 언어 기능을 쓸 때는 좌뇌가 활발해지고, 직감을 활용할 때는 우뇌가 반응하는 등 담당하는 뇌의 기능에 따라 한쪽의 움직임이 활발해지기는 했지만 기능 자체에서는 유의미한 차이가 없음을 밝혀냈다. 다시 말해, 작업에 따라 좌뇌가 주로 반응하거나 혹은 우뇌가 주로 활발해질 수는 있지만, 개인이 한쪽 뇌를 더 편향되어 사용하는 것은 발견되지 않았다.

그러므로 창조적인 사람은 우뇌형, 논리적인 사람은 좌뇌형이라는 말이나 문과형 두뇌, 이과형 두뇌라는 이분법도 사실 존재할 수 없는 말이다. 또한 여러 과학적 증거에 따르면 남녀의 차이는 생물학적 요인이 아닌 사회·문화·심리적 요인이 더 크다.

1999년 캐나다 워털루대학 사회심리학 연구팀은 남녀에게 어려운 수학 문제를 풀도록 했는데, 그 결과 여성들의 성적이 저조했다. 평소 숫자에 능하고 수학 문제를 잘 해결하던 여성조차 마찬가지였다.

그러나 과거에도 똑같은 실험을 진행했을 때 남녀 차이가 없었다고 밝힌 후 실험한 결과, 여성은 남성과 동일한 수준의 점수를 보였다.

남녀 사이에 뇌의 차이는 생물학적 요인이 아닌 사회 문화 심리적 요인이 더 크다.

머리가 클수록 지능이 높다?

펜 박물관(Penn Museum)에는 19세기 미국 과학자이자 의사인 사무엘 조지 모턴Samuel George Morton이 세계 곳곳으로부터 수집한 여러 인종들의 두개골이 보관되어 있다. 사무엘 조지 모턴은 무려 1,000개가 넘는 두개골을 하나하나 살펴가며 연구 자료를 축적한 인물이다.

뇌의 크기를 측정하기 위해 모턴이 처음에 이용한 것은 겨자씨였다. 기독교의 『성경』에서 예수는 작은 믿음을 겨자씨로 묘사했는데, 이를 통해 미루어 볼 수 있듯이 겨자씨의 크기는 매우 작다. 모턴은 심지어 체로 거른 겨자씨를 두개골 안에 채어 넣은 뒤 겨자씨를 다시 눈금이 새겨진 원통에 옮겨 담아 뇌의 부피를 측정했다.

하지만 여러 두개골을 관찰할수록 겨자씨로는 한계가 있다는 것을 깨달은 모턴은 이후 지름이 약 0.3cm인 작은 납탄환을 사용하면서 오차를 줄여나갔으며 그 결과를 바탕으로 수집한 자료를 가지고 아래와 같은 주장을 펼친다.

'뇌의 크기는 인종별로 차이가 있다. 백인의 뇌가 흑인의 뇌보다 약 10% 정도 더 크며, 백인의 지능도 그만큼 더 높다.'

요약하자면 '머리가 클수록 두뇌가 좋다'라는 주장이었고, 이런 모턴의 주장은 한동안 반박할 수 없는 자료로 존경받았다.

하지만 1978년 고생물학자 스티븐 제이 굴드Stephen Jay Gould는 과학 저널 「사이언스」에 한 논문과 함께 1981년 「인간에 대한 오해(원제: The Mismeasure of Man)」에서 모턴이 주관적으로 측정한 것에 불과하다고 지적했다.

굴드에 따르면, 모턴은 뇌의 크기를 측정하고 분석해 결론을 내린 것이 아니라 반대로 결론을 먼저 내린 후 측정을 했다는 것이다. '인종에 따라 지능에 차이가 난다.' 라는 주관적인 결론을 먼저 내려놓고, 이를 입증하기 위해 뇌의 크기를 측정한 셈이다.

실제로 인종을 분류할 때 모턴의 기준은 수시로 바뀌었다. 최종 결과물에는 잘못된 계산과 무의식적인 편견이 담겨 있었다. 그리고 골상학과 일종의 인종차별이 담긴 논문이 발표된 지 30년이 지난 후, 인류의 체구와 뇌 크기가 오히려 점점 작아지고 있다는 발표가 나왔다.

영국 케임브리지대학교 진화론 전문가인 마르타 라르 박사팀이 2011년 6월 영국 왕립협회에 발표한 내용에 따르면, 1만 년 전 인간보다 체중은 평균 6~10kg 정도 감소했고, 크로마뇽인의 두뇌 용량에 비해 150cc 줄어들었다.

그로부터 10년이 지난 지금은 뇌의 크기보다는 대뇌피질의 두께에 주목한다.

대뇌피질은 언어를 담당하는 영역인 측두엽과 학습과 판단을 관장하는 전두엽이 접힌 부분이다. 미국 국립정신건강연구소가 어린이를 대상으로 진행한 실험에 따르면, 대뇌피질이 매우 얇다가 12살 이후 급속도로 두꺼워지는 어린이는 지능지수가 평균보다 높았던 반면, 지능지수가 평균으로 기록됐던 어린이는 처음부터 대뇌피질이 두꺼운 상태로 8살에 이미 정점에 이르렀다. 대뇌피질이 점진적으로 두꺼워지는 시간이 길어질수록 지능지수 또한 향상한다는 의미이다.

뇌의 구조와 작용 원리

사람의 뇌에는 약 1,000억 개의 뇌세포가 있다

사람의 뇌에는 실제로 약 780~1,000억 개의 뇌세포가 있고, 이 뇌세포
들은 각각 병렬적으로 이어져 있다.

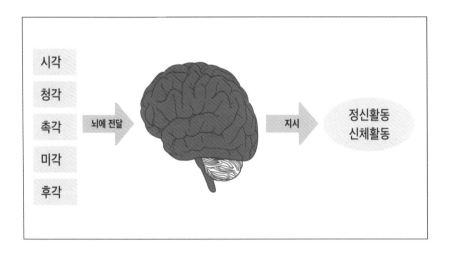

이러한 뇌세포 간의 연결이 신경 네트워크를 형성하고, 지식의 습득, 감
정, 행동, 습관, 호흡, 우리 몸을 조절하는 모든 과정을 제어하는 복잡한 기

관이다. 뇌는 이와 연결된 척수와 함께 중추신경계를 구성하고 있다.

그렇다면 뇌는 구체적으로 어떻게 구성되어 있을까?

뇌는 신경계를 조절하는 중심적인 역할을 한다. 또한 신경세포 & 신경섬유 & 그 사이를 채운 신경교조직으로 구성되어 있으며, 바깥쪽은 뇌막으로 싸여 있다.

뇌 무게는 약 1300~1500g으로 몸무게의 2.5%밖에 되지 않지만, 뇌에 흐르는 혈액의 양은 전체 혈액의 15% 정도를 차지하고 에너지의 25%~30%를 뇌가 사용한다. 뇌는 약 60%가 지방이며 나머지 40%는 물, 단백질, 탄수화물 등의 조합이고 혈관과 신경을 포함한다.

인간의 뇌는 생후 1년 동안 크기가 약 3배가 되고 25세 정도에 완전히 성숙한다. 인간의 두뇌는 23와트의 전력을 생성할 수 있으며, 이는 작은 전구를 켜기에 충분할 정도이다.

그만큼 뇌는 몸의 중추적인 역할을 하고 있다.

뇌는 몸에 어떻게 작용하는 것일까?

뇌는 몸 전체에 화학적 전기적 신호를 보내고 받는다. 서로 다른 신호가 서로 다른 프로세스를 제어하고 뇌가 각각을 판단한다. 예를 들어, 일부는 피로감을 느끼게 하고 다른 일부는 고통을 느끼게 한다.

일부분의 신호는 뇌 안에 저장되는 반면, 다른 신호는 척추를 통해 신체의 방대한 신경 네트워크를 지나 먼 말단까지 전달된다. 이를 위해 중추신경계는 수십 억 개의 뉴런(신경 세포)에 의존하며 신호를 전달한다.

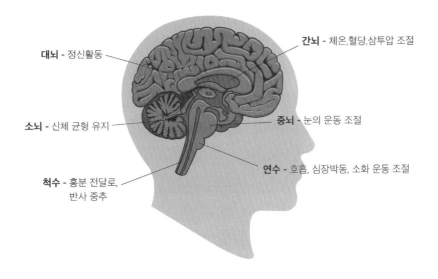

뇌의 구조와 기능

대뇌 - 정신활동

간뇌 - 체온,혈당,삼투압 조절

소뇌 - 신체 균형 유지

중뇌 - 눈의 운동 조절

연수 - 호흡, 심장박동, 소화 운동 조절

척수 - 흥분 전달로, 반사 중추

뇌의 구성과 기능

뇌는 크게 대뇌, 소뇌, 뇌간(연수, 중뇌, 간뇌)의 3부분으로 나눠지며 뇌신경과 척수신경을 감싸고 있는 수막(뇌척수막)이 있다.

대뇌 Cerebrum

대뇌는 회백질(대뇌피질)과 그 중심에 있는 백질로 구성된다. 뇌의 가장 큰 부분인 대뇌는 사고, 판단, 추리 등의 고도의 정신활동을 담당한다. 자율신경계의 조절, 호르몬의 생성, 항상성의 유지 등의 기능을 수행하기도 한다. 대뇌피질은 두 개의 반구로 이루어져 있으며, 오른쪽 반구는 신체의 왼쪽을 제어하고, 왼쪽 반구는 신체의 오른쪽을 제어한다. 뇌 무게의 약 절반을 차지한다.

소뇌 Cerebellum

대뇌의 뒤쪽 아랫 부분에 위치하며, 무게는 150g 정도로 주먹 크기이며 전체 뇌 용적의 10% 정도를 차지하는 중추신경계의 일부이다.

소뇌는 직접 자발적 운동을 일으키지는 않으나 뇌의 다른 부분이나 척수로부터 외부에 대한 감각정보를 받아 운동기능의 조율로 사용한다.

소뇌의 손상은 움직임에 관련된 증상을 일으키며 움직임 방향과 힘, 속도 등에서 오류를 일으킨다. 소뇌는 운동학습에 중요한 역할을 하며, 행동을 개시하기 전 학습된 미세 움직임을 조절하는 역할을 한다.

뇌간 Brainstem

뇌간(뇌의 중간)은 대뇌와 척수를 연결한다. 뇌간은 중뇌(중간뇌, midbrain), 교뇌(다리뇌, pons), 연수(숨뇌, medulla oblongata)를 포함한다. 대뇌 반구나 소뇌가 의식적인 여러 활동이나 조절에 관계하고 있는 데 비해 뇌간은 무의식적인 여러 활동, 예를 들면 반사적인 운동이나 내장 기능 등의 중추가 되고 있다.

중간뇌

비의식적인 반사운동의 중추로 뇌간(brainstem)의 일부로서 주로 안구운동, 홍채 조절의 역할 등 자율신경계의 조절, 체온과 혈당 등을 조절한다.

중간뇌에는 도파민성 신경세포와 기저핵의 일부가 파킨슨병의 영향을 받는 영역인 흑질이 포함되어 있어 발현되거나 변성되면 파킨슨병에 걸리게 된다.

교뇌

12개의 뇌신경 중 얼굴과 뇌로 들어오고 나가는 4쌍의 운동신경으로 눈물 생성, 씹기, 깜박임, 초점 맞추기, 시각, 균형, 청각 및 표정과 같은 다양한 활동을 가능하게 한다. 신경정보를 전달해 주거나 소뇌로부터 정보를 받아들이는 중간 교통로로서 진화된 것이다. 소뇌와 대뇌 사이에 정보전달을 하며, 숨뇌와 함께 호흡 조절의 역할을 수행한다. 몇 개의 신경핵은 안구 움직임, 얼굴 감각과 안면 근육의 움직임을 담당한다.

연수

뇌와 척수를 이어 주는 기관으로 신경섬유다발과 호흡 및 순환 따위의 생명 기능을 포함한 여러 기능을 하는 신경세포체의 집단으로 이루어져 있으며, 숨뇌, 숨골이라고도 한다. 이 기관은 크다. 그래서 뇌 중에서도 상당히 깊은 곳에 자리잡고 있다.

연수는 심장 리듬, 호흡, 혈류, 산소 및 이산화탄소 수준을 포함한 많은 신체 활동을 조절하며 재채기, 구토, 기침 및 삼키는 것과 같은 반사 활동을 생성한다.

수막 Meninx

수막은 뇌와 척수를 둘러싸고 있는 중추신경의 결합조직성 막을 뜻한다. 뇌막과 척수막이 합쳐진 것으로 뇌척수막이라고도 한다. 수막의 바깥쪽은 두개골과 척주로 되어 있어 뇌와 척수를 보호하며, 뇌와 척수를 둘러싸면서 완충작용을 하는 보호막이다. 뇌척수액은 뇌 주변을 둘러싸고 있는 동정맥으로 유입되어 경정맥을 통해 심장으로 흐른다.

수막이 자극받게 되면 뇌를 둘러싸고 있는 막 중 지주막하 공간에 염증이 생겨 두통, 열, 구토, 목 부위 경직, 실신 등의 증상이 나타난다.

수막은 3개의 층으로 이루어져 바깥쪽에서부터 경질막, 거미막, 연질막이라고 한다.

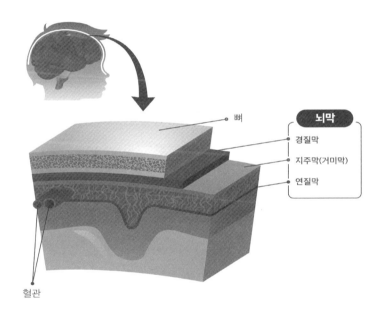

경질막 Dura mater

가장 바깥쪽 층인 경막은 두껍다. 그것은 두 개의 층을 포함한다. 두개골의 내면에 부착된 골막층과 뇌와 척수를 덮고 있는 뇌척수막층 두 층이다. 층 사이의 공간은 뇌에 혈류를 공급하는 정맥과 동맥의 통과를 허용한다.

거미막 Arachnoid

신경이나 혈관을 포함하지 않는 결합 조직의 섬세한 거미줄과 같은 결합
조직으로 되어 있으며 연질막과 지주막 사이에 지주막하강이라 하는 공간
을 형성한다. 지주막하강에는 많은 결합조직섬유가 지나고 뇌척수액이 흐
른다.

연질막 Pia mater

가장 안쪽의 얇고 섬세한 결합조직으로 구성된 막이며, 뇌와 척수와 직
접적으로 닿아 있는 매우 얇고 섬세한 층이다. 유막은 혈액 공급이 풍부한
조직으로 유막을 흐르는 모세혈관들이 운반해온 영양분과 산소는 후에 뇌
로 공급된다.

뇌의 더 깊은 곳

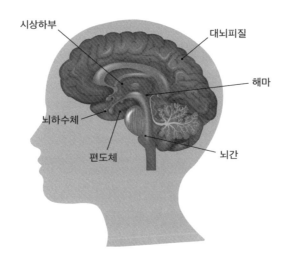

뇌하수체

뇌하수체는 작은 내분비샘으로 완두콩 크기의 구조이다. 뇌하수체는 갑상선, 부신, 난소 및 고환에서 나오는 호르몬의 흐름을 조절하여 신체의 다른 땀샘의 기능을 관장하며, 뇌하수체 전엽에서는 5가지 호르몬을, 뇌하수체 후엽에서는 2가지 호르몬을 분비한다.

시상하부

시상하부는 뇌하수체 위에 위치하며 기능을 제어하는 화학적 메시지를 뇌하수체에 보낸다. 체온을 조절하고, 수면과 일 주기 생체리듬, 배고픔과 갈증을 조절하며, 기억과 감정의 일부 측면에서도 역할을 한다.

편도체

아몬드 모양의 작은 구조인 편도체는 뇌의 각 절반(반구) 아래에 있다. 변연계에 포함된 편도체는 감정과 기억을 조절하며, 누군가가 위협을 감지할 때 공포 및 불안에 대한 학습 및 기억에 중요한 역할을 한다. 겁이 많고 소심한 사람들은 다른 이들보다 편도체가 예민하다. 편도체를 제거하면 낯가림을 느끼지 못한다.

해마

각 측두엽의 아래쪽에 있는 구부러진 해마 모양의 기관인 해마는 뇌의 일부분으로 장기적인 기억과 학습, 감정적인 행동, 공간인식을 조절하는 역할을 한다. 해마는 기억과 학습을 관장하는데, 단기기억이나 감정이 아닌 서술기억을 처리하는 장소이다. 주로 좌측 해마는 최근의 일을 기억하고, 우측 해마는 태어난 이후의 모든 일을 기억한다. 새로운 사실을 학습하는데, 해마가 손상되면 새로운 정보를 기억할 수 없게 된다.

기억이 만들어지는 과정은 감각기관을 통해 정보가 뇌로 들어오면 정보들이 조합되어 하나의 기억이 만들어진다. 뇌로 들어온 감각 정보를 해마가 단기간 동안 저장하고 있다가 대뇌피질로 보내 장기기억으로 저장하거나 삭제하게 된다. 이러한 정보의 이동은 주로 밤에 일어나며, 학습이나 업무 능률을 올리기 위해서는 밤에 숙면을 취하는 것이 좋다. 알츠하이머 병과 연관되며, 알츠하이머병은 해마를 점진적으로 위축시켜 환자는 질병 초기에 최근 기억의 장애가 발생하게 된다.

송과선

송과선은 뇌 깊숙이 위치하며 줄기에 의해 제3뇌실 상단에 부착된다. 송과선은 빛과 어둠에 반응하고 일 주기 리듬과 수면 주기를 조절하는 멜라토닌을 분비한다.

심실 및 뇌척수액

심실은 뇌척수액(CSF)을 생성한다. 이 액체는 심실과 척수, 그리고 뇌척수막 사이를 순환하는 물 같은 액체이다. 뇌척수액은 척수와 뇌를 둘러싸고 완충작용을 하며 노폐물과 불순물을 씻어내고 영양분을 전달한다.

이 뇌척수액 장벽은 혈액 속의 유해한 물질로부터 뇌를 보호한다.

뇌신경 (Cranial Nerves)

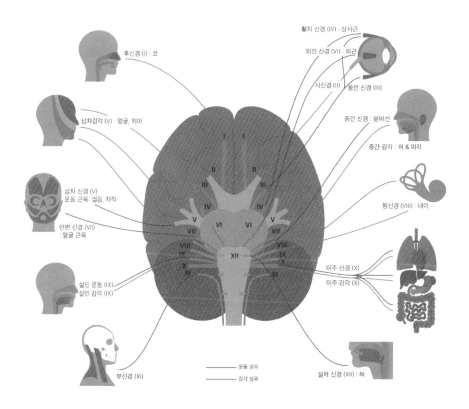

뇌신경은 뇌로부터 바로 나오는 신경이며, 일반적으로 뇌신경은 12쌍으로 분류하며 뇌와 신체의 각 부분에서의 정보를 교환한다.

제1뇌신경: 후신경은 후각을 담당하는 후각 신경이다.

제2뇌신경: 시신경은 시력을 관장

재3뇌신경: 동안신경은 동공 반응과 눈의 다른 움직임을 제어하고 중뇌가 뇌교와 만나는 뇌간 영역에서 분기한다.

제4뇌신경: 활차신경은 눈의 근육을 조절, 뇌간의 중뇌 부분의 뒤쪽에서 기원한다.

제5뇌신경: 삼차신경은 뇌신경 중 가장 크고 복잡하며 감각 및 운동 기능을 모두 갖추고 있다. 교뇌에서 시작하여 두피, 치아, 턱, 부비동, 입과 얼굴의 일부에서 뇌로 감각을 전달하고 근육을 씹는 기능 등을 담당한다.

제6뇌신경: 외전신경은 눈의 일부 근육을 지배한다.

제7뇌신경: 안면신경은 안면의 근육을 담당하여 얼굴 표정을 짓게 하는 운동성과 혀의 앞부분 2/3의 미각을 담당

제8뇌신경: 청신경은 평행감각과 청각을 담당

제9뇌신경: 설인신경은 혀와 인두의 감각을 담당

제10뇌신경: 미주신경은 골격근의 운동 조절, 심박수 조절, 장의 연동운동 등에 관여

제11뇌신경: 부신경은 우리 몸의 운동을 지배하는 신경으로 구강내 근육, 머리, 목, 어깨의 일부 근육을 담당

제12뇌신경: 설하신경은 혀의 움직임에 관여하는 운동신경

처음 두 개의 신경은 대뇌에서 시작되고 나머지 10개의 뇌신경은 중간뇌, 교뇌 및 연수의 세 부분으로 구성된 뇌간에서 나온다.

뇌의 혈액 공급

두 척추동맥과 경동맥은 뇌에 혈액과 산소를 공급한다.

외부 경동맥은 목의 측면까지 뻗어 있으며 손가락 끝으로 해당 부위를 만졌을 때 맥박을 느낄 수 있는 곳이다. 내부 경동맥은 두개골로 분기되어

혈액을 뇌의 앞부분으로 순환시킨다.

척추동맥은 척주를 따라 두개골로 들어가며, 여기에서 뇌간에서 함께 연결되어 뇌의 뒤쪽 부분에 혈액을 공급 하는 기저동맥을 형성한다.

뇌의 해마가 없어진다면?

영화 '첫 키스만 50번째'는 실화

'첫 키스만 50번째'라는 미국 영화가 있다. 주인공은 하와이에서 우연히 한 여자를 만나 첫눈에 반해 데이트를 한다. 하지만 이튿날 여자는 남자를 알아보지 못한다. 알고 보니 여자는 교통사고 후유증으로 전날 있었던 일을 전혀 기억하지 못하는 단기기억상실증 환자였던 것이다.

영화는 로맨틱 코미디라는 장르 안에서 적당히 유쾌하게 진행된다. 그런데 영화에서나 일어날 법한 일이 실제로 벌어졌다. 미국인 헨리 몰레이슨(Henry Gustav Molaison,1926~2008)이 실제 사건의 주인공이다.

어린 시절 심한 뇌전증(간질)을 앓았던 헨리 몰레이슨은 27세였던 1953년 뇌수술을 받았다. 뇌전증은 만성적인 신경장애로 이유 없는 발작을 특징으로 하는데, 헨리 몰레이슨은 증세가 심해 사회생활을 할 수 없을 정도였다. 측두엽 절제술을 받기로 결정한 것은 "뇌 조직 일부를 절개하면 간질 발작을 억제할 수 있다." 라는 의사의 권유 때문이었다.

지금은 금지된 일이지만, 1950년대는 뇌전증 환자를 상대로 뇌 절제 수술을 시행하곤 했다.

하지만 당시에는 뇌과학에 관한 지식과 기술에 있어 뇌의 각 부위가 인간의 신체, 정신에서 어떤 역할을 하는지 세부적으로 밝혀내지 못한 상태였다. 다만 뇌를 통한 직접적인 전기신호 실험을 통해서 내측두엽이 뇌전증과 연관이 있다는 사실만 알고 있었을 뿐이다.

당시 저명한 미국 하트퍼드 병원의 신경외과 의사인 윌리엄 비처 스코빌 교수는 좌우 중앙 측두엽의 조직에서 핸리의 발작이 기인했다고 판단하고 해당 부위를 주먹 크기만큼 제거했다. 대략 8센티미터 정도였다.

하지만 교수는 핸리가 이 수술을 받은 뒤 겪게 될 일을 예측하지 못했다. 핸리 또한 자신의 인생이 송두리째 돌이킬 수 없는 길로 들어서리라는 사실을 상상도 하지 못했을 것이다.

"저기 지금 나하고 싸우고 있어요. (중략) 그러니까, 내가 마음이 편하지 않아요. 한쪽에서는 아버지가 부름을 받으셨다고 생각해요. 돌아가셨다고요. 하지만 다른 쪽에서는 지금도 살아계신다고 생각해요."헨리는 몸을 떨기 시작했다.

"도저히 모르겠어요."

– 『어제가 없는 남자, HM의 기억』 p.182

의사가 절개해낸 헨리의 뇌 부위는 해마였다. 해마는 뇌에서 기억을 만들고 관장하는 부위지만, 당시 의학은 이 사실을 미처 알지 못했다. 헨리 몰레이슨의 사례를 통해 해마 손상이 기억상실증을 야기한다는 것이 비로소 알려지게 되었던 것인데, 아이러니하게도 한 사람의 삶을 파괴한 의료사고가 뇌과학 발달에 크게 기여한 셈이다.

수술 직후 헨리 몰레이슨은 졸음이 찾아왔을 뿐, 회복력은 좋았다. 하지만 헨리는 더 이상 기억이라는 것을 할 수가 없었다. 어제 누구를 만났는지, 점심에 무엇을 먹었는지, 심지어 30초 전에 옆 사람과 무슨 대화를 나눴는지조차 금세 잊어버렸다.

헨리는 날마다 병실에 들어오는 돌봄이를 알아보지 못했고, 그들과 나눈 대화도 기억하지 못했으며, 병원 일과도 기억하지 못했다. 헨리가 수술 전에 여러 번 드나들었던 화장실을 찾지 못하고 헤매자 비로소 헨리 어머니는 무언가 비극적인 일이 일어났다는 것을 알아차렸다.

_『어제가 없는 남자, HM의 기억』 P.70

하지만 헨리가 일상생활까지 불가능한 건 아니었다. 1953년 수술을 받기 전부터 알고 지내던 사람과 학창시절 학교에서 배웠던 내용 등은 거의 정확히 기억했다. 지능, 감각, 운동 등 뇌의 다른 기능 또한 정상이었다.

헨리는 의료사고 피해자지만, 100여 명의 과학자에게 자신을 '시험 도구'로 제공했다. 『어제가 없는 남자, HM의 기억』 또한 헨리 몰레이슨을 관찰한 연구자인 '수잰 코킨'이 쓴 책으로 저자인 수잰 코킨은 MIT 신경의학과 의사로 당시 대학원생일 때 헨리를 처음 만나 40년이 넘도록 의사와 환자의 관계로 지냈다. 물론 헨리는 수잰 코킨을 기억할 수 없었다.

사생활 보호를 위해 HM이라는 초성으로만 알려졌던 헨리의 이름은 2008년 사망한 후에야 공개됐다. 헨리가 죽은 뒤, 헨리의 뇌는 과학 연구에 기증돼 3차원 디지털 영상과 연구용 웹에서 볼 수 있으며, 헨리를 사례로 한 영화, 연극, 방송도 만들어졌고, 교과서에 실릴 정도로 뇌과학의 진보에 기여한 사례로 남겨졌다.

끔찍한 의료사고의 피해자지만, 저자는 "헨리가 겪은 일은 틀림없는 비극이지만, 정작 헨리 자신은 좀처럼 고통스러워 보이는 일이 없었다." 라고 말한 적이 있다.

실제로 어느 날 헨리는 피실험자로 참여하는 일을 어떻게 생각하느냐는 질문에 이렇게 답했다.

"참 재밌죠. 사람은 살면서 배우거든요.
그런데 나는 살기만 하고, 배우는 건 선생 몫이죠."

기억해 줘 나의 해마

단기기억과 장기기억

사람들에게 '해마'에 관해서 물으면 대부분 바다에 사는 해양생물 해마를 떠올린다. 또 다른 일부는 뇌에서 기억을 담당하는 신체기관 해마(hippocampus)를 이야기한다.

그런데 실제로 뇌에 있는 신체기관인 해마의 이름은 해양생물인 해마에서 따온 것이다. 둘 중 무엇이든 틀린 대답은 아닌 셈이다.

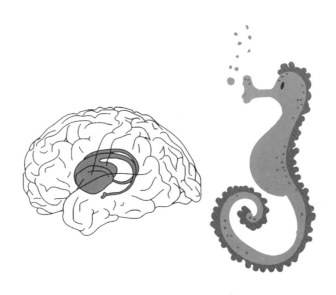

앞에서 소개한 헨리를 포함하여 여러 연구를 통해 해마가 기억과 관련되어 아주 중요한 역할을 한다는 사실은 널리 알려져 있다. 특히 신경과학자들은 헨리의 사례를 통해 중요한 사실을 하나 발견하였다.

전문가들은 헨리 몰라이슨의 기억력이 약 20초 정도로 짧디 짧은 단기기억이지만, 기억력 자체는 정확했던 점에 초점을 맞췄다. 바로 외현기억과 절차기억 간의 차이였다.

외현기억은 새로 얻은 지식이나 습득한 경험을 의식해야만 떠올릴 수 있지만, 절차기억은 우리가 애쓰지 않아도 능숙하게 꺼내어 써먹을 수 있는 지식과 경험이다.

해마가 없는 헨리에게서만 발견할 수 있는 점은 바로 단기기억과 절차기억이 어렵다는 것이었다. 해마는 대체로 장기기억과 외현기억을 부호화하는 책임을 지고 있으나, 단기기억이나 절차기억에는 관여하지 않는다는 사실을 발견한 것이다. 이러한 발견은 기억을 두 가지 부류로 나누었다는 점에서 의학적 성과라고 할 수 있다.

해마가 기억을 만드는 방법은 다음과 같다.

눈으로 보고, 귀로 듣고, 코로 냄새를 맡고, 혀로 맛을 보고, 손으로 만지는 등 감각 정보가 뇌로 들어오면, 이 정보들을 합해 일단 '단기간 저장'을 해 둔다. 그리고 시간이 지남에 따라 이 기억을 대뇌피질로 보내 장기기억으로 저장 또는 삭제한다.

「사이언스」를 통해 발표된 논문에 따르면, 뇌에서는 시간 간격을 두고 일어나는 일을 서로 연관 짓는다고 한다. 예를 들어 우리 뒤에서 자동차 타이어가 미끄러지는 마찰음과 함께 '쿵' 하는 충돌음이 들린다면 이는 자동차 사고가 일어났다는 것을 예상할 수 있다. 이러한 이미지는 뇌가 작동하는 방법이다. 미끄러지는 소리 뒤에 사고가 나는 것을 알기 때문에, 이에 대비하여 몸을 보호하는 일을 뇌가 지시하는 것이다.

해마와 자극

해마는 학습과 기억을 담당하는 부위로서 관자엽의 안쪽에 자리 잡고 있다.

최근 서울대 정천기 교수팀은 '해마에 전기자극을 주면 기억력이 향상될 수 있다'는 연구 결과를 발표했다. 연구팀은 서울대병원에서 뇌에 전극이 삽입된 난치성 뇌전증 환자 10명의 해마에 전기자극을 주고, 피실험자가 기억력 테스트를 수행하는 동안 뇌파를 측정했다. 기억력 테스트는 한 가지 단어를 기억하는 '단일기억과제'와 단어 두 개가 짝지어진 '연합기억과제'로 나뉘어 학습-휴식-회상 단계로 진행했다. 단일 단어를 떠올릴 때는 "봤음" 혹은 "본적 없음"으로 선택하도록 했으며, 연합기억과제는 "정확히 봤음", "봤거나 재배열됨" 혹은 "본적 없음"을 고르도록 했다.

그 결과 피실험자의 해마를 자극하지 않았을 때, 단일기억 과제의 평균 정답률은 86.1%였지만 해마를 자극했을 때 정답률은 오히려 81.1%로 떨어졌다.

하지만 연합기억 과제의 경우 해마를 자극하지 않았을 때 정답률은 59.3%였지만 해마를 자극했을 때 정답률은 67.3%로 높아졌다.

위 실험 결과에서 볼 수 있듯이 해마를 자극한다고 모든 상황에서 기억력이 향상하는 것은 아니었다. 하지만 해마는 단일기억 과제보다 연합기억 과제에 더 영향을 미친다는 점을 알 수 있다. 또한 인지기능이 저하된 환자일수록 해마를 자극했을 때 나타나는 효과가 컸다. 이는 곧 인지기능 환자는 특히, 해마를 통해 전기자극을 보내는 것이 일상생활에 도움이 될 수 있다는 점을 시사한다.

해마의 크기와 공간 기억

해마는 학습과 기억 기능을 수행하지만 공간기억 형성에도 매우 중요한 역할을 한다. 우리가 동네를 걸어 다니면서 매번 구글 지도를 켜서 길을 찾지 않아도 되는 데에는 해마가 관련이 있다.

공간 기억과 해마의 관계를 보여주는 실험이 있다. 영국의 신경과학자들은 런던에서 근무하는 택시 운전사 16명을 대상으로 다른 집단의 뇌와 비교해 관찰했다. 굳이 런던 택시 운전기사를 대상으로 한 이유는 런던이 워낙 대도시라서 복잡하기 때문인데, 택시 운전사는 작은 골목까지 상세하게 기억하고 있는 편이다.

택시 운전사의 뇌에서 발견된 해마는 다른 집단보다 매우 컸다. 놀라운 점은 택시 운전을 오래 한 사람일수록 해마의 크기가 더 크다는 것이었다. 이는 해마의 크기가 공간기억을 단기기억에서 장기기억으로 바꾸는 능력과 비례한다는 점을 시사한다.

한편 해마의 크기는 치매와도 관련이 있다.

알츠하이머 같은 뇌질환이 진행될 때 가장 먼저 손상되는 곳이 해마인데, 해마가 상대적으로 큰 사람은 치매가 진행하더라도 기억력이 감퇴하는 증상의 정도가 작을 수 있다. 또한 평소에 뭔가를 잘 깜빡깜빡하는 사람은 해마가 상대적으로 작은경우가 많다.

해마와 수면

종종 어릴 때 유독 잠을 많이 자는 아이들이 있다. 잠을 많이 자면 게으르다는 말을 듣기 십상이지만 이런 아이들은 두뇌 발달이 다른 아이들에 비해 좋다.

일본신경과학회의에서 발표된 일본 도호쿠대 연구팀의 논문에서는 두 아동의 뇌 발달을 비교하고 있다. 연구팀은 5~18세 사이의 어린이 290명을 대상으로 평균 수면시간과 해마의 부피를 4년 동안 관찰한 결과, 평균 수면시간이 10시간 이상인 어린이는 평균 수면시간이 7시간인 어린이에 비해 해마의 크기가 10% 더 큰 것으로 나타났다.

실제로 해마에서 생성된 학습정보가 대뇌피질의 전두엽으로 전달돼 장기기억으로 만들어 강화하는 과정은 주로 밤에 활성화된다. 이러한 사실은 '10~2시는 뇌가 활발해지는 시간이므로 잠을 자야 한다.' 라는 말을 뒷받침하기도 한다. 적어도 어릴 때 아이가 잠을 충분히 잘 수 있도록 하는 것이 중요하다는 점은 확실하다.

해마와 알코올

지나친 음주는 건망증의 원인이 될 수 있다. 과음했을 때 간혹 '필름이 끊긴다.' 라고 표현하는 이 '블랙아웃Blackout' 현상은 해마를 마비시켰을 때 일어난다.

알코올은 해마의 글루탐산성 신경세포의 활성을 억제해 기억을 방해한다. 그러나 뇌의 다른 기능에는 영향을 미치지 않으므로 겉으로 보기에는 멀쩡하다. 단지 그 순간의 기억만 사라지는 것이다. 알코올이 시냅스의 활동을 방해해 신호전달 매커니즘에 이상을 일으켜 외부 자극이 기억으로 저장되기 위해 해마로 가는 길목을 막아버리기 때문이다.

하지만 필름이 자주 끊긴다면 어떨까?

알코올이 분해되는 과정에서 만들어지는 아세트알데히드 또한 해마의 활동을 둔하게 하고, 신경세포의 재생을 방해한다. 보통 혈중 알코올 농도 0.15% 정도부터 기억력 장애가 발생하는데, 과음하는 일이 잦으면 뇌 손상 또한 지속되어 술을 마시지 않아도 기억이 끊기는 현상이 나타난다. 이처럼 자주 블랙아웃이 오면 알코올성 치매를 의심해봐야 한다. 보통 일 년에 두 번 이상 필름이 끊기면 의학적으로는 넓은 의미의 알코올 중독에 해당한다.

미세아교세포를 알면 뇌몸 염증을 안다

염증이란 무엇일까?

우리는 우울증을 '마음의 감기'라고 부르기도 한다. 이 단어에는 우울증이 흔히 걸리기도 하지만 비교적 탄력적으로 회복할 수 있다는 뜻을 담고 있기도 하다. 그런데 우울증과 감기는 실제로 '염증'이라는 측면에서 생물학적 기전을 공유하고 있다.

그렇다면 우울증과 감기를 유발하는 염증은 나쁜 것일까?

염증이란 손상이나 감염에 대한 면역반응이다. 염증의 어원은 라틴어 'inflammare'로, 이는 '불타다(set on fire)'를 의미한다.

염증은 대부분 상처 부위가 빨갛게 부어오르고 쓰라리며 열이 난다. 우리가 주로 생각하는 염증이란 대부분 '급성 염증 반응'이며, 이러한 반응은 자연스러운 방어적인 기능이다.

하지만 겉으로 보기에는 나타나지 않

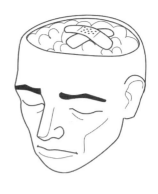

우울증과 같은 주요 정신질환도
만성 염증반응과 관련이 있다.

는, 관찰하기 힘든 방식으로 작용하는 염증반응도 있다. 대부분의 만성 염증반응이 여기에 속한다. 당뇨, 고혈압, 고지혈증 같은 만성 신체질환들은 물론 우울증 같은 주요 정신질환들도 이러한 만성 염증반응과 밀접한 관련이 있다.

염증은 그 자체로 나쁜 것이 아니다. 염증의 본래 목적은 감염체를 제거하고, 신체 조직이 손상되는 것을 최대한 막는 동시에 조직을 재생하기 위함이다. 염증반응이 시의적절하게 나타나는 것은 흔히 말하는 '건강한' 상태이며 우리 몸이 정상적으로 기능하는 증거다.

2013년 1월 「사이언스」에 '염증의 음양陰陽'이라는 제목의 기사가 실린 적이 있다. 음과 양의 조화라는 표현에서 알 수 있듯이, 염증은 없어져야 하는 것이 아니라 균형을 유지해야 하는 것이다. 염증의 균형이 어느 한쪽으로 지나치게 기울어지면 우리 몸에는 병이 생기는데, 이를 두고 '면역세포의 두 얼굴'이라고 부른다.

뇌 염증이 우울증을 일으킨다

흔히 무릎이 까지면 딱지가 생기는 게 염증이라고 생각하겠지만 염증반응은 뇌에서도 일어난다. 뇌 염증은 장내 건강 상태, 미세먼지 등과 같은 대기오염, 스트레스, 간 기능 등 다양한 요소들과 상호작용을 통해 조절되고 있다.

얼마 전 높은 미세먼지 농도가 뇌신경 발작을 증가시킬 수 있다는 보도가 나왔다. 실제로 UN 환경보고서에는 초미세먼지 농도가 높을수록 뇌 염증 수준을 상승시킨다고 언급하기도 했었다.

만약 뇌 염증반응이 지나치게 이루어지면 불면증, 수면 장애, 우울증을 유발할 수 있고 악화되면 파킨슨, 알츠하이머 등 신경퇴행성질환의 위험에 노출될 수 있다.

다시 한 번 말하지만 염증 자체가 나쁜 것은 아니다. 중요한 것은 '균형'이며, 균형이 깨지면 염증은 우울증까지 일으킬 수 있다.

100조 개의 시냅스 연결 뇌신경계

뇌 안을 살펴보면 1,000억 개의 신경세포(뉴런)가 100조 개의 시냅스에 서로 얽혀 있으며, 시냅스는 신경세포들의 가지와 가지를 이어 주어 신호를 주고받는 부위이다. 뇌 신경계는 두 가지로 구성되어 활동한다.

하나는 전기신호를 이용해 서로 소통하는 신경세포(neuron)이고, 다른 하나는 신경세포를 도와 주는 신경교세포(neuroglia cell)이다.

'뇌세포'라고 하면 뉴런이 떠오르지만, 여러 교세포가 비슷한 개수로 존재한다. 그리고 신경교세포는 성상세포, 희돌기교세포, 미세아교세포로 이루어져 있다.

신경세포(뉴런)는 전기신호와 화학신호로 자극을 전달할 수 있는 능력을 가지고 있다.

신경세포가 신경 조직의 본질적인 기능을 담당한다면, 신경교세포는 혈관과 신경세포 사이에 위치하여 신경세포의 지지, 산소와 영양 공급, 노폐물 제거, 식세포 작용 등을 담당한다.

성상세포

신경계의 골격을 구성하여 공간적인 지지를 해 주고, 혈액과 신경세포 사이를 조절하는 역할을 하며 각종 신경전달물질을 흡수하는 등의 다양한 기능을 한다.

희돌기교세포

축삭을 둘러싸 수초를 형성한다. 축삭이란 신경세포의 세포체에서 길게 뻗어 나온 가지로서, 사람의 머리카락보다 몇 배 더 얇은 케이블이다.

미세아교세포

뇌신경계의 면역방어 세포다. 과거 미세아교세포는 뉴런에 영양을 공급하고 노폐물을 흡수하는 보조자로만 여겨져 그다지 주목을 받지 못했다.

그런데 교세포는 본래 담당하는 역할뿐 아니라 뉴런의 성장에도 영향을 미치고 신호전달 속도와 안정성에도 관여하는 등 신경계에서 중요한 기능을 하는 존재다.

면역세포의 두 얼굴 미세아교세포

미세아교세포라는 명칭은 다른 교세포와 생김새는 비슷하지만 크기가 더 작아서 붙은 이름이다. 그런데 사실 미세아교세포는 다른 교세포와는 출생이 다르다. 신경계의 세포가 아니라 면역계의 세포이기 때문이다.

사람의 경우 태아로서 한 달 차에 접어들 때, 뇌가 되는 부분으로 들어간 면역세포가 분화해 미세아교세포가 된다. 즉 미세아교세포는 뇌에 침입한 병균이나 뇌세포에서 나오는 필요 없는 세포를 처리하는 데 특화된 면역세포다.

면역세포는 자신과 남을 구분 지을 수 있는 능력을 이용해서 자신과 같은 세포에게는 면역 반응을 하지 않지만, 자신이 아닌 다른 세포를 감지하면 면역 반응을 일으킨다. 만약 세균이나 바이러스 등 외부 병원균이 우리 몸 안에 침투하면 면역 시스템은 이를 인식하여 세균을 직접 죽이거나 세균에 감염된 세포를 죽이게 된다. 이때 면역세포가 체내의 이물질 혹은 외부에서 들어온 바이러스나 세균 따위를 제거하는 방법은 먹어 없애는 것이다. 균을 잡아먹어 세포 내에서 소화하여 파괴하는 방법으로, 이를 식작용이라고 부른다.

미세아교세포는 또한 병원균이나 질병으로부터 중추신경계를 보호하는 역할을 한다. 중추신경계는 뇌와 척수로 구성되어 있는데, 감각 수용, 운동, 생체기능 조절 등 중요한 기능을 담당하므로 만약 미세아교세포가 제대로 기능하지 못해 손상되면 우리 몸에 치명적인 문제를 일으킬 수 있다.

그중에서 미세아교세포는 뇌 염증 반응의 핵심 요소다. 이 미세아교세포는 평상시에는 뇌신경계를 지키는 역할을 하지만 균형이 깨지면 지나치게 활성화되면서 오히려 신경을 손상시키는 현상이 일어난다.

염증 반응을 촉진하는 다양한 급·만성질환들은 우리 몸과 뇌의 사이를 지키는 혈뇌장벽을 헐겁게 만든다. 그리고 이때, 이 틈을 통해서 면역세포가 분비하는 단백질이자 염증을 촉진하는 사이토카인이 뇌에 들어와 가장 먼저 미세아교세포를 자극한다.

염증 반응을 쏟아내도록 자극받은 미세아교세포는 지나치게 많은 사이토카인을 분비하며 이들의 작용을 더욱 부추기게 된다. 그리고 이러한 과정은 신경염증이 더 이상 평상시처럼 뇌 활동을 보호하고 증진하는 작용을 하지 않고, 오히려 뇌세포를 손상시키게 만든다. 이러한 일련의 과정을 '사이토카인 폭풍'이라고 부르는데, 다시 말해, 염증 반응이 지나쳐서 독이 되는 것이다.

염증성 사이토카인은 알츠하이머, 파킨슨, 급성 뇌 손상 등 다양한 뇌질환에서 나타난다. 그리고 우리는 이러한 반응을 두고 '뇌내 면역세포의 두 얼굴'이라고 부른다.

최근 코로나와 관련해 사이토카인 폭풍이 일어나 논란이 많다.

코로나-19는 면역력이 저하된 노약자나 기저 질환자에서 치사율이 높은 것으로 알려져 있다. 젊고 건강한 사람의 상당수는 증상이 없거나 가볍게 앓고 지나간다. 하지만 젊은 환자들이 코로나-19로 급격하게 위중해진 사례들도 보이면서 이러한 증상이 사이토카인 폭풍 때문이 아니냐는 논란이 있다.

실제로 사이토카인 폭풍은 대부분 질병의 치명률을 높이는 현상이다. 1918년 스페인독감 당시 연령층에 관계 없이 2년이라는 시간 동안 5,000여만 명이 사망했는데, 이 당시에도 사이토카인 폭풍이 치명률을 높인 것으로 분석됐다. 이처럼 바이러스로부터 우리 몸을 지키는 면역세포는 반대로 우리 몸을 공격하기도 한다.

미세아교세포와 알츠하이머

미세아교세포의 식작용이 잘못 발발하여 신경 퇴행으로 나타나는 과정은 뇌질환의 원인을 찾고, 치료제를 개발할 수 있는 근본적인 원리이기도 하다. 실제로 미세아교세포를 추적, 관찰하여 알츠하이머병 치료제를 개발하는 움직임도 있다.

한국뇌연구원에 따르면, 허향숙 책임연구원은 미국 캘리포니아대 샌디에이고 캠퍼스(UCSD)의 제리 양Jerry Yang 교수 연구팀과 함께 뇌염증을 막는 새로운 물질을 알아냈다.

연구팀은 알츠하이머병을 지닌 실험쥐에게 해당 신물질(CA140)을 투여했고, 지나치게 활동하던 미세아교세포가 점차 누그러지며 이에 따라 뇌염증반응의 정도가 낮아지는 것을 확인했다. 이처럼 가까운 미래에 치매를 포함한 신경염증질환을 완화하고 예방할 수 있는 새로운 치료제를 찾을 수 있지 않을까 기대해볼 만하다.

또한 서울대학교 연구팀은 미세아교세포가 제 기능을 하지 못하는 이유를 발견하고, 이 사실을 세계적인 학술지 「셀 메타볼리즘Cell Metabolism」에 발표했다.

연구팀은 대사촉진기능이 있는 감마인터페론을 유전자가 변형된 쥐에 주입해 미세아교세포를 회복시키고 관찰했다. 그 결과 감마인터페론은 미세아교세포의 대사촉진을 일으키면서 면역기능을 활성화하게 만들어 마침내 알츠하이머병의 증상을 완화했다.

연구팀의 묵인희 교수는 이에 대해 "본 연구는 신경세포가 아닌 뇌 면역세포의 조절을 통한 뇌 환경의 정상화 가능성을 보여주어 향후 알츠하이머 극복에 한 걸음 더 다가가는 계기가 될 것으로 기대한다." 라고 전한 바가 있다.

이처럼 뇌의 면역세포는 그 기능을 발견했다는 사실 자체가 뇌질환과 관련한 인지능력을 회복하는 새로운 기술의 가능성을 열어준 셈이다.

알츠하이머 치료제의 발판이 되는 미세아교세포의 양면을 살펴보자.

뇌 기능 매개체 시냅스

비교적 최근까지 미세아교세포는 면역세포만으로 기능할 뿐, 별다른 주목을 받지 못했다. 그러나 미세아교세포가 뇌신경계, 뇌신경질환과 연관이 있다고 밝혀졌는데, 이러한 발견은 약 10여 년 전 미세아교세포가 시냅스 가지치기에 관여한다는 사실을 알아낸 것에서 시작됐다.

시냅스 가지치기는 뉴런 사이의 연결을 없애는 것이다.

시냅스 가지치기를 하는 이유는 효율성을 높이기 위해서다. 뇌는 발달하면서 뉴런 사이에 시냅스가 이리저리 복잡하게 얽혀 있는데, 시냅스를 유지한 채 그대로 성장한다면 그중에 필요 없는 시냅스 혹은 더 이상 쓰지 않는 시냅스도 섞이게 되어 효율이 낮다. 그래서 시냅스 가지치기를 통해 주로 쓰는 시냅스만 강화하여 효율이 높은 뇌회로를 만드는 것이다.

그런데 미세아교세포가 오작동으로 정상적인 시냅스까지 가지치기할

수도 있다. 미세아교세포가 세균을 너무 급하게 먹어치우면, 다시 말해 식
작용이 급박하게 일어나면 오작동이 발생하면서 정상적인 시냅스까지 과
도하게 없애버릴 수도 있다. 그리고 이러한 경우 신경퇴행성질환으로 이어
진다.

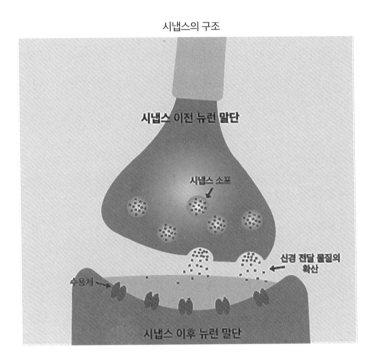

시냅스의 구조

인플라마좀 Nlpr3

독일 신경퇴행성질환센터 미카엘 헤네카 박사팀은 미세아교세포와 알
츠하이머병의 관련성을 알아냈다. 알츠하이머병이 있는 실험쥐에게서 염
증의 핵심 유전자이면서 미세아교세포의 식작용과 연관이 있는 Nlpr3를

없애자 생쥐는 훗날 늙어서도 치매 행동을 보이지 않았던 것이다.

베타 아밀로이드 플라크

알츠하이머병의 특징 중 하나는 베타 아밀로이드가 단백질 플라크로 변형되어 뇌 뉴런에 형성된다는 점이다. 알츠하이머 환자에게서 공통적으로 발견되어 알츠하이머의 핵심 원인물질로 추정하는 이 플라크는 미세아교세포가 있어야만 뇌에서 만들어진다. 반대로 미세아교세포를 제거하면 베타 아밀로이드 플라크가 생기지 않는다.

다발성경화증

다발성경화증은 어떤 이유로 면역세포가 뉴런의 수초를 손상되게 해 뉴런이 죽음으로써 신경계에 이상이 생기는 자가면역질환이다. 다발성경화증이 발발하면 시각장애가 생기거나 배뇨 또는 배변장애를 겪을 수 있고, 우울감과 피로를 동반할 수 있다. 이러한 증상은 재발이 잦다.

다발성경화증에는 역시 미세아교세포가 관여된다. 미세아교세포는 특정 유전자의 생성을 촉진하거나 제한하는 단백질 AHR을 발현하고, 장내 미생물은 대사산물 I3S를 만들어낸다. 이때 장에서 만드는 I3S는 미세아교세포에서 나오는 AHR과 만나 염증반응을 억제하는 데 도움을 준다.

알츠하이머병은 아직 확실한 치료약이 없어 어려움을 겪고 있다. 이런 상황에서 미세아교세포의 기능을 발견한 것은 새로운 치료제의 가능성을 열어준 셈이다.

미국 어바인 캘리포니아대학(UCI) 생물과학대의 킴 그린 신경생물학 부교수팀은 미세아교세포를 모두 제거할 수는 없지만, 일부를 제거하거나 제어하는 방법은 개발할 수 있다고 전했다. 또한 미세아교세포가 모든 뇌신경질환과 관련이 있는 만큼 해당 제어법을 개발하면 미세아교세포가 어떤 부위에까지 영향을 미치는지, 잠재적 치료법 개발이 가능한지 등을 알아낼 수 있을 것이라고 밝혔다.

뇌 면역세포는 어디서 왔을까?

뇌는 몸을 제어하고 추론과 지능, 감정을 관장하는 기관이다. 그 중요성은 두말할 필요가 없다. 그래서 우리 몸은 뇌가 손상되지 않도록 다양한 보호 조치를 하고 있는데, 단단한 두개골이 대표적이며 그 안에 뇌수막이라는 방수막으로 뇌를 이중보호하고 있다.

그러나 모순되게도 최근까지 뇌수막 때문에 뇌에는 면역세포가 없다고 알려졌었다. 이는 물리적인 방어 외에 우리를 보호할 방법이 없다는 뜻이 된다. 우리 몸에 박테리아나 바이러스가 혈류로 들어가면 면역세포와 항체가 이를 제거한다. 하지만 뇌수막은 불침투성 장벽이 있어 면역세포가 뇌로 들어가는 것을 막는 셈이 된다.

그런데 최근 뇌수막 안에서 B세포를 발견했다. 이 세포는 항체생성 세포로, 뇌가 감염되지 않도록 보호하는 세포다. 모든 B세포는 표면에 항체를 지니고 있어서 우리 몸에 침투하는 박테리아나 바이러스가 표면에 닿으면 똑같은 항원을 인식하는 세포를 만든다.

분열하는 동안 B세포는 돌연변이를 만들어 내면서 박테리아에 더 잘 달라붙을 수 있는 항체를 만들며 증식하기를 반복한다. 이때 결합력이 떨어지는, 즉 기능이 떨어지는 B세포는 죽고 최정예 경비대만 남게 된다.

그렇다면 뇌수막에서 발견한 이 항체(면역글로불린 A(IgA))는 어디서 온 것일까?

뇌를 지키는 항체는 의외의 장소에서 발견됐다. 뇌에서 비교적 멀리 떨어진 장 내막, 그리고 코 또는 폐의 내막에서 태어나 병원체를 인식하고 뇌수막까지 올라온다. 만약 내장 장벽에서 발생한 병원체가 혈류로 들어가 뇌에 퍼진다면 큰 문제가 되므로, 장에서 미생물을 인식할 수 있는 항체생성 세포가 뇌수막에까지 올라와 방어를 하는 셈이다.

장과 뇌가 서로 신호를 주고받으며 소통한다는 이론은 많다. 이를 두고 '장내미생물-장-뇌축'이라는 용어도 나왔다.

미세아교세포에서 발견되는 단백질 AHR(전사인자)에 장내 대사산물 I3S이 붙어 활성화하면 염증이 억제되고, 이에 따라 병의 증상도 완화된다. 이때 I3S는 우리 몸에 있는 장내 미생물이 아미노산인 트립토판에서 만든 대사산물이다. 미국 브리검 & 위민스 병원(Brigham and Women's Hospital, BWH) 연구진의 실험에 따르면 트립토판이 분해될 때 나오는 물질이 뇌혈관장벽을 통과하여 신경퇴화를 막는 항염증 경로를 활성화한다.

다발성경화증이 있는 실험쥐에게 트립토판이 부족한 식단을 배급하면 장내 미생물이 I3S를 만들지 못하기 때문에 병은 급속하게 악화된다. 반면에 트립토판이나 I3S가 풍부한 식단을 주면 병이 호전된다.

이같은 사실로 미루어 보면, 자가면역질환 환자는 프로바이오틱스를 복용해 장내미생물 생태계를 건강하게 함으로써 증상 완화에 도움이 될 수 있다.

뇌 염증억제와 면역력 연구

국내 정신의학계의 권위자이자 『배짱으로 삽시다』의 저자 이시형 박사는 곧 아흔을 앞둔 나이다. 하지만 젊은 사람 못지않은 왕성한 활동력을 보여주고 계신데, 올해만 책 네 권을 냈고 유튜브 구독자 수는 3만 명이 넘는다.

이 박사는 이렇게 말한다.

"우리 몸의 세포는 수백~수만 년 전과 다르지 않은데, 생활환경은 완전히 달라진 것이 문제예요. 인공화합물이 가득한 가공식품은 우리 몸엔 익숙하지 않은 음식이에요. 결국 건강과 면역이 무너지지요."

필자는 미세아교세포 염증억제에 대한 연구를 진행하여 유의한 결과를 얻을 수 있었다. 레몬머틀, 맥문동, 당귀. 세 가지 모두 빼놓을 수 없는 면역력에 좋은 재료들이다. 그리고 이 세 가지의 주요 핵심성분을 추출해 합친 성분이 바로 LMD 추출물이다.

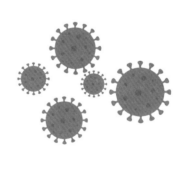

LMD 추출물은 면역력 강화, 뇌교세포 염증 감소, 항산화, 항균, 항염에 도움이 되는 성분이다.

필자는 LMD를 통하여 교세포의 활성화 염증억제 효능 실험을 진행하였으며, 뇌염증 모델에서 쥐의 뇌 조직 소재의 경구 투여로 교세포의 증가를 감소시켰다. 또한 활성산소(MDA)의 생성 억제와 항산화(SOD)의 활성이 개선되었다.

흥미로운 이 연구를 통하여 항염증효과와 교세포의 활성화 억제 효능을 통해 염증억제 효과를 가지고 면역력 강화에 도움이 될 것으로 보인다.

이 소재들은 우리의 일상에서 음식 또는 차 등으로 흔하게 접하지만 잘 알려지지 않는 소재도 있으므로 소개하고자 한다.

레몬머틀

노화를 방지하고 면역력을 증진하는 데 탁월한 효능이 있는 음식 중 하나로 알려져 있다. 본래 허브의 한 종류로서 향신료처럼 사용되었으며 레몬향이 난다고 하여 붙여진 이름이다.

레몬머틀의 대부분을 차지하는 시트랄은 우리 몸의 독소를 배출해 주고 항산화효과를 가지고 있다. 그렇기 때문에 면역력 증진과 독소 배출에 아주 탁월한 효능을 있다. 특히 레몬 같은 경우에는 시트랄 성분이 3~10% 정도 함유되어 있지만, 레몬머틀은 90% 이상 함유되어 있다.

또한 레몬머틀에는 비타민 B와 C 등 비타민과 미네랄이 풍부한데, 이러한 비타민은 항산화 효소의 활용 증가와 철분을 체내 흡수에 적합한 상태로 전환하는 데 탁월하다. 이뿐만 아니라 기관지염이나 알레르기, 아토피의 완화, 면역력 증진, 노화 방지, 미백, 긴장 완화, 혈액순환 개선, 시력보호 기능까지 증진시킨다.

레몬머틀 같은 경우에는 대부분 차로 끓여 마시는 방법으로 복용한다. 레몬머틀 찻잎을 사서 끓여 마시는 경우인데, 많은 사람이 레몬머틀은 오래 끓이면 효능이 약화될 것이라고 생각하지만, 오래 끓이거나 색깔이 달라져도 영양소나 효능은 그대로이므로 안심하고 먹어도 된다.

맥문동

이름 자체는 낯설지만, 우리 주변에서 쉽게 볼 수 있다. 관상용으로 화단에 심어둔 것을 종종 볼 수 있는데, 라벤더와 비슷하게 생겼지만 전혀 다른 식물이다.

맥문동은 겨울에도 죽지 않고 살아 있다는 뜻으로 관상식물의 뿌리를 봄, 가을에 캐서 껍질을 벗긴 다음 햇볕에 말린 것을 말한다. 예로부터 면역력에 효과가 좋다고 알려져 있어 한방에서는 일사병, 열사병, 심근염, 만성기관지염, 폐기종 등에 사용한다. 특히 맥문동은 기관지에 탁월하다. 사포닌이 인삼의 8배 이상 함유되어 있어 가래를 삭이는 거담작용, 기침을 완화하고, 기관지염 또는 인후염 증상을 완화하는 데 도움을 준다. 또한 폐기능, 호흡기 건강을 도우며 면역력을 강화하는 데 효과가 있다.

맥문동은 비교적 쉽게 구할 수 있다. 뿌리 자체 혹은 분말, 환, 차로도 먹을 수 있다. 특히 차로 만든 것은 단맛이 있고 고소한 맛이 나서 쉽게 먹기 좋다.

당귀

대표적인 약용식물이다. 과거에는 산에서 채취하였으며 최근엔 재배 형식으로 바뀌고 있다.

참당귀의 뿌리인 당귀의 효능에 관해 동의보감에도 나와 있다. '성질은 따뜻하고 맛은 달고 맵고 독이 없다. 모든 혈병, 풍병, 허로를 낫게 하고 응혈을 풀어 세로운 피를 만든다.' '어혈을 헤치고 출혈을 멈춘다.' '기혈氣血이 뒤틀릴 때 먹으면 안정된다.' '술에 담가 쓰면 좋다.' 등으로 소개되어 있다.

동의보감에서 서술한 내용을 하나씩 살펴보면 다음과 같은 뜻이 된다.

補血(보혈) : 약을 써서 몸에 피를 돌게 한다.
潤腸(윤장) : 위장에 열기를 가라앉히거나 위장에 영양분을 공급한다.
調經(조경) : 월경을 고르게 한다.
止痛(지통) : 통증을 멎게 한다.
通便(변통) : 배설을 원활하게 한다.
和血(화혈) : 피가 고르게 순환하도록 한다.

무엇보다 당귀에 함유된 데커신은 관절 건강과 노화로 저하된 인지기능 개선에 도움을 줄 수 있다는 이유로 식품의약품안전처에서 개별 인정을 받은 물질이다.

이러한 데커신은 베타 아밀로이드와 타우 단백질을 감소시키고 생성을 억제하는 기능을 한다. 데커신이 뇌세포를 보호하기 때문에 스트레스와 노화로 인한 기억력장애, 손상된 인지능력 개선에도 도움이 될 수 있다.

뇌 노화의 원인, 노폐물 배수구 뇌척수액

뇌가 늙으면…

오래 산다는 것이 마냥 기쁜 소식으로만 들리지 않는 시대가 왔다. 이제 장수라는 건 건강이 뒤따라 줘야 축하할 일이다. 건강이 받쳐주지 않는 노년의 삶을 떠올리는 것만으로도 고통스럽다고 말하는 노인이 많아졌다. 특히 우리나라 노인들이 가장 두려워하는 질환이 뇌 기능과 관련한 '치매'라는 점은 평상시 뇌 건강관리의 중요성을 새삼 느끼게 해 준다.

뇌의 기능과 구조 변화

나이가 들면 뇌도 자연히 늙기 마련이다. 노화에 따라 뇌의 기능은 감소하게 되는데, 약 70세부터 언어 능력이 떨어진다. 해마가 작아지면서 새로운 내용을 학습하는 능력이나 단기기억력 등이 떨어지고, 전전두엽의 축소로 인해 집중력, 실행 능력, 학습력, 행동조절 등의 다양한 뇌 기능이 저하된다. 자동차 운전처럼 작업 능력과 판단력 등 다양한 능력이 필요한 영역에서 제 기능을 발휘하지 못하게 된다. 상황 변화를 알아차리고 몸으로 반응하는 시간이 느려진다는 뜻이다.

구조적인 변화를 살펴보면, 뇌 무게가 약 10% 감소하고 전체 뇌에 비해 뇌실(뇌의 빈 공간)의 면적이 3~4배 증가하며, 혈류량은 약 20% 정도 감소한다. 이는 곧 뇌 기능을 책임지는 수백억 개의 뇌신경세포가 감소한다는 뜻이다.

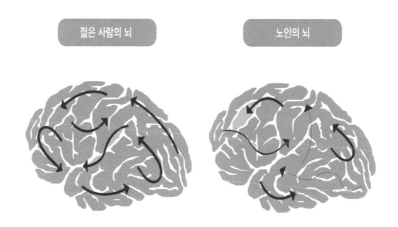

젊은 사람의 뇌　　　　　노인의 뇌

정서 변화

이 외에도 신경전달물질의 생성에 관련되는 효소, 수용체 및 신경전달물질 등의 변화들이 보고되어 있으며, 세로토닌 수용체, 도파민 수용체 등 또한 노화 과정에서 감소한다. 이 두 물질의 변화는 감정, 정서에도 영향을 미칠 수 있다.

일명 '행복 호르몬'이라고 부르는 세로토닌은 우리가 즐거움을 느끼고 숙면을 취하도록 도와준다. 도파민 또한 행복, 흥미와 관련된 호르몬이기 때문에 잘 분비될 시에는 의욕이 생기고 성취감을 느낄 수 있다. 하지만 노화에 따라 세로토닌 같은 신경전달물질과 이를 생성하는 데 예전만 못하게 되고, 뇌 기능은 물론 감정적인 문제도 유발하여 우울증, 화 등 불안정한 감정과 성격 변화로 이어질 수 있다.

뇌척수액 변화

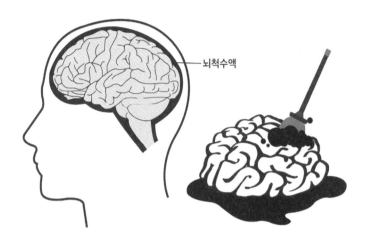

뇌척수액

뇌척수액은 무색 투명한 액체로 항상 일정한 양을 유지한다. 뇌와 척수 주위를 흘러다니면서 외부의 충격을 완화하는 기능을 하고, 호르몬과 노폐물 등의 물질을 운반하는 역할을 한다.

미국 보스턴대학교 연구팀의 「사이언스」 저널에 뇌척수액과 관련한 발표가 있다. 이에 따르면 23세에서 33세에 해당하는 성인 13명을 대상으로 수면 중 뇌를 스캔한 결과, 뇌척수액이 뇌의 대사 과정에서 쌓이는 노폐물을 제거하는 것으로 나타났다. 한마디로 뇌척수액이 뇌를 청소한다는 것이다.

국내 기초과학연구원(IBS) 혈관 연구단 고규영 단장팀 또한 이에 대해

"뇌 하부에 있는 뇌막 림프관이 뇌척수액을 배출하는 통로"라고 밝힌 바가 있다.

연구진은 형광물질을 생쥐의 뇌척수액에 주입하고 뇌 구조를 살펴보았는데, 그 결과 위치에 따라 뇌막 림프관의 구조가 다르다는 것을 확인했다. 또한 연구진은 MRI를 통해 구조를 분석하여 뇌척수액이 뇌막 림프관을 통해 중추신경계 밖으로 배출되는 것을 알아냈다.

이러한 뇌막 림프관은 뇌에 쌓인 노폐물을 내보내는 일종의 배수구 역할을 하는 것이다. 만약 베타 아밀로이드와 타우 단백질 같은 뇌 노폐물이 뇌에 쌓이면 뉴런 사이에 정보 전달의 흐름을 막을 뿐만 아니라 치매 등 퇴행성 뇌질환을 유발할 수도 있기 때문에 뇌척수액의 배출 기능은 특히, 중요하다.

또한 국내 연구진은 나이가 많은 쥐의 경우 뇌막 림프관이 붓고 내부 판막이 망가진다는 것도 알아냈다. 이는 곧 노화에 따라 뇌에 쌓인 노폐물을 제대로 배출하지 못한다는 것을 시사한다.

보스턴대학교 연구팀도 이와 비슷한 결론을 냈다. 연구팀은 뇌척수액의 흐름에 따른 노폐물 배출이 뇌의 노화와 관련이 있다고 전했다. 나이가 들면서 뇌파의 속도가 느려지고, 이로 인해 뇌의 혈류량과 뇌척수액의 흐름이 감소하는 것이다.

뇌는 35세에 정점에 이른다

모든 일에는 전성기가 있고 정점이 있기 마련이다. 그리고 그 지점을 지나면 천천히 하락하는 그래프를 그리는데, 우리의 신체 기능 또한 이 패턴을 피해갈 수 없다. 물리적 힘을 쓰는 근육은 25세, 골밀도는 30세 전후에 정점에 이르고 이후 하락 곡선을 그린다. 얼마나 잘 관리하느냐에 따라 다르지만, 대체적인 연령은 이와 같다.

위에서 뇌는 25세 이후로 늙어간다고 했지만, 뇌의 전성기는 다행히도 35세다. '연륜'의 저력을 발휘한다는 것인데, 매일매일 다양하고 복잡한 정보를 시시각각 처리하는 과정을 몇 십 년 반복하면서 뇌도 나름대로 경력이 쌓인 것이다.

다시 말해, 20~30대는 새로운 지식을 배우는 지능이 발달해 있지만, 40대에는 연결력, 추리력이 발달해 있다. 즉 종합하고 재창조하는 힘은 젊은 시절보다 더 우월하다는 뜻이다.

하지만 그 부작용으로 고집이 세진다. 두뇌 회로 내의 흐름이 나빠져 내 생각이 옳다고 생각하면 더는 새로운 정보를 거부하게 되는 것이다. '늙으면 고집이 세진다.' 라는 말이 그냥 나온 말이 아닌 셈이다.

프랑스 파리이공과대, 독일 뮌헨대, 네덜란드 에라스무스대 공동 연구진이 체스 선수들의 경기력을 모델로 하여 사람의 인지능력 변화를 분석한 연구 결과가 있다.

결론부터 말하자면, 연구진은 사람의 인지능력이 35세에 정점을 찍고 이후 상당 기간 최고 수준을 유지하다 45세 이후에 서서히 감소한다고 전했다. 이러한 결론은 1890년부터 2014년까지 125년간 열린 2만 4천 회의 프로 체스 경기 내용을 분석한 결과다.

연구진은 정보처리속도, 기억력, 시각화, 추론 등과 관련한 능력은 나이가 들어가면서 떨어지지만, 경험과 지식이 필요한 일은 50세 넘어서까지도 좋아진다고 밝혔다. 특히 전문가는 반복되는 연습과 훈련이 큰 비중을 차지한다.

　분석 결과 체스 선수들의 실력은 일생에 걸쳐 아치형을 보인다. 연구진은 "대부분의 선수들은 실력이 20대 초반까진 가파르게 상승한 뒤 답보 상태를 보이다 35세 무렵 정점을 찍는다." 라며 "이후 대략 10년간 최고 수준의 실력을 유지하다 45세 이후 서서히 저하된다"고 전했다.

　이 연구에서 주목해야 할 점은 선수들의 실력이 20세기를 지나면서 특히, 꾸준히 좋아졌다는 점이다. 1970년대 이후에 태어난 선수들은 1870년대 무렵에 태어난 선수들보다 인지능력이 8% 가량 높았다. 특히 1990년대에 실력이 크게 향상했다.

　연구진은 이러한 변화가 디지털 기술과 연관이 있다고 추측했다. 연구진의 일원인 우베 순데 뮌헨대 교수는 "연구 결과를 보면 디지털 기술을 배경으로 한 세대에서 자란 현대인은 인지능력 발달에서 유리하다는 걸 알 수 있다"고 말했다.

　우리나라에서는 체스를 많이 하지 않지만, 1990년대 가정용 PC에 체스 프로그램이 설치되어 있던 미국의 경우에는 어디에서나 체스 지식을 얻을 수 있었다.

　결론적으로 뇌는 25세 때부터 뇌척수액의 흐름 속도가 느려지지만, 경험을 바탕으로 인지 능력 자체는 35세에 정점을 찍고 관리의 여부에 따라 전성기를 유지한 뒤 서서히 하락세를 그린다. 뇌가 완전히 노화되기까지 어느 정도 여지가 있는 셈인데, 미국 연구진은 이에 대해 "뇌의 회백질에는 신경세포가 모여 있으므로 규칙적으로 훈련한다면 뇌는 더 오랫동안 전성기를 유지할 수 있다." 라고 말했다.

뇌의 노화를 막는 쑥

뇌의 노화를 예방하기 위해 수많은 약재, 식재, 운동, 습관에 관한 연구가 끊임없이 이어지고 있다. 그런데 최근 쑥이 뇌의 노화를 방지하는 데 효과적이라는 결과가 있다.

쑥은 우리나라에서 자생하고 있는 국화과 다년생 초본 식물로서 우리나라뿐만 아니라 중국, 일본 등 아시아 지역과 유럽, 멕시코 및 북미 지역 등 전 세계적으로 분포되어 있다. 특히 국내에서는 약 300여 종의 다양한 쑥들이 자생하고 있는 것으로 알려져 있으며 한방에서는 의초, 영고 및 황초 등으로도 불려진다.

또한 쑥은 지방산 및 아미노산이 함유되어 있는 녹색 잎 단백질원으로서 지방 성분에는 필수지방산이 많아 영양학적으로 우수한 식품이라고 할 수 있다. 다만 지역마다 특성 있는 종으로 변화하였으므로 각각 함유하는 성분이나 생리활성 등은 환경적인 영향을 많이 받는다고 보고되고 있다.

한편 한국식품과학회지에 발표된 바에 따르면 국내 황해쑥의 변종인

'섬애쑥'의 추출물이 신경세포를 보호하거나 뇌신경세포의 결함을 개선하는 효과가 있다는 것이 밝혀졌다. 연구팀은 섬애쑥의 분말에 에탄올을 첨가해 추출하여 쥐를 대상으로 실험한 결과, 뇌 조직을 구성하는 신경세포막의 과산화 생성물이 크게 증가된 것을 확인하였다. 또한 부분적으로 뇌 신경세포가 보호되면서 뇌 기능이 개선된 것으로 판단했다.

　쑥에는 수분, 단백질, 당질, 지질, 섬유질, 비타민, 엽록소와 칼슘, 철분, 인, 마그네슘 등의 미네랄이 들어 있어 피부미용, 노화방지에 많은 도움을 준다. 무엇보다 쑥에는 비타민이 많이 있어서 녹화를 촉진하는 활성산소를 제거함으로써 노화를 방지해 준다. 물론 비타민 C가 다량 함유되어 있고 항균 소독효과가 좋아서 여드름이나 피부질환에 도움이 많이 된다.

　쑥을 이용해 피부 미용을 하는 방법은 다음과 같다. 쑥을 끓는 물에 우려서 타올이나 거즈에 쑥물을 적셔 얼굴을 덮고 20분 정도 후 찬물로 씻어 주면 피부를 진정시키는 효과가 나타난다. 또한 쑥잎을 300g 정도를 달인 후에 그 물을 목욕물과 섞어서 목욕을 하면 피부가 매끈해지고, 피부 트러블에도 효과가 좋다.

뇌의 감정이 장을 콘트롤한다

위와 장은 감정에 민감하다

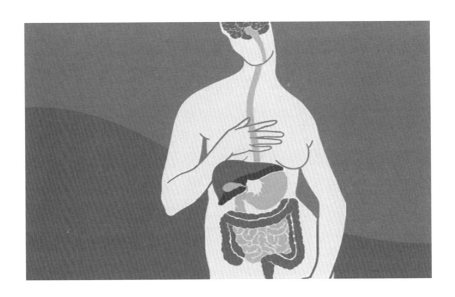

　뉴런은 뇌와 중추신경계에서 발견되는 세포로 신체가 어떻게 행동해야 하는지 알려준다. 인간의 뇌에는 약 1,000억 개의 뉴런이 있다.

　흥미롭게도 장에는 5억 개의 뉴런이 있으며, 이 뉴런은 신경계의 신경을 통해 뇌와 연결되어 있다. 분노와 슬픔, 불안, 의기소침 등 감정과 관련한 모든 것들은 장내 증상을 유발시킨다.

뇌는 위와 장에 직접적인 영향을 미친다. 예를 들어, 먹는다는 생각은 음식이 도착하기 전에 위액을 방출할 수 있다. 뇌와 장은 서로 양방향으로 연결되어 신호를 주고 받는다. 문제가 있는 장이 뇌에 신호를 보낼 수 있고, 문제가 있는 뇌가 장에 신호를 보낼 수 있다. 따라서 사람의 위나 장의 불편함은 불안, 스트레스, 우울증의 원인 또는 산물일 수 있다.

기능성 위장장애의 경우, 뇌의 감정의 역할을 고려하지 않은 상태에서는 장을 치유하기가 어렵다. 기능성 위장장애가 있는 많은 사람들은 뇌가 위장장애의 통증 신호에 더 민감하기 때문에 다른 사람들보다 통증을 더 심하게 인식한다. 스트레스는 기존의 통증을 더욱 악화시킬 수 있다.

여러 연구에 따르면 뇌의 감정을 콘트롤하는 심리학에 기반한 접근 방식은 기존의 의학적 치료에 비해 소화기 증상을 더 크게 개선하는 것으로 나타났다.

제2의 뇌

"모든 병은 장에서 시작한다.(All diseasesin the gut)" 히포크라테스가 남긴 말이다. 미국 컬럼비아대학 신경생리학 교수인 마이클 거숀Michael Gershon은 '장은 제2의 뇌'라고 했다.

인간이 스트레스를 받으면 소화장애로 이어져 머리가 아픈 때도 있다. 이는 '장-뇌 연결축 이론'으로 설명된다.

'행복 호르몬'으로 불리는 신경전달물질 세로토닌의 95%가 장에서 만들어진다는 것을 뒷받침한다는 것. 특히 뇌를 제외하고 세로토닌이 발견된 것은 장이 유일한데, 세로토닌이 장과 뇌가 서로 소통할 수 있도록 이어주는 매개 물질로 지목된 배경이기도 하다.

장의 움직임과 활동은 식도부터 직장까지 5천만 개의 신경세포로 구성된 신경망인 장신경계(enteric nervous tem, ENS)가 담당한다. 이를 일러 마이클 거숀은 제2의 뇌, '작은 뇌'라고 부른다.

과학자들은 이 작은 뇌를 장신경계(ENS)라고 부른다. ENS는 식도에서 직장까지 위장관을 감싸는 1억 개 이상의 신경세포로 이루어진 두 개의 얇은 층이며, 우리의 대뇌와 장내 사이의 신호를 주고받아 놀라운 결과를 가져온다.

ENS는 과민성대장증후군(IBS)과 변비, 설사, 팽만감, 통증 및 위장장애와 같은 기능적 장 문제에 뇌와의 교감으로 아주 큰 정서적 변화를 가져온다.

장내 미생물과 뇌질환 사이를 연결하는 고리의 전체가 완전하게 밝혀진 것은 아니지만, 이 가운데서 분명히 중요한 역할을 하는 건 바로 우리 면역계이다. 이는 미생물이 장에 있는 면역세포를 조절하고 그 결과로 뇌에 이상이 생긴다는 가설에서 큰 뇌와 작은 뇌, 장내미생물과의 오고가는 신호로 우리 몸에 어디까지 영향을 미칠 수 있을지 살펴보는 것은 매우 흥미로운 일이다.

미주신경과 신경계

미주신경은 장과 뇌를 연결하는 가장 큰 신경 중 하나다. 양방향으로 신호를 보낸다. 예를 들어, 동물 연구에서 스트레스는 미주신경을 통해 전달되는 신호를 억제하고 위장 문제를 유발한다.

인간을 대상으로 한 한 연구에서는 과민성대장증후군(IBS)이나 크론병이 있는 사람들이 미주신경의 기능 저하를 나타내는 미주신경 긴장도가 감소한 것으로 나타났다. 쥐를 대상으로 한 흥미로운 연구에 따르면 프로바이오틱스를 먹이면 혈액 내 스트레스 호르몬 양이 감소하는 것으로 나타났다. 그러나 미주신경이 절단되었을 때 프로바이오틱스는 효과가 없었다. 이는 미주신경이 장-뇌축과 스트레스에서 중요한 역할을 함을 시사한다.

어려운 원리이지만, '장이 건강해야 뇌도 건강하다.' 라는 결론이다.

장에 도움이 되는 특히, 트립토판과 프로바이오틱스가 많은 음식은 무엇일까?

장을 건강하게 만드는 식품

원리를 따지자면 복잡하기는 하지만 '장이 건강해야 뇌도 건강하다.' 라는 결론이 선다. 그렇다면 장에 도움이 되는 특히, 트립토판과 프로바이오틱스가 많은 음식은 무엇일까?

트립토판은 달걀, 생선, 치즈, 콩, 시금치, 견과류, 닭고기 등에 풍부하게 들어 있다. 트립토판은 수면에도 도움이 되는데, 수면을 유도하는 호르몬인 멜라토닌도 함유되어 있기 때문이다.

장 건강에 이로운 프로바이오틱스를 많이 함유한 식품은 아래와 같다.

요구르트

대표적인 장 건강식품으로, 생균과 효모가 함유된 프로바이오틱스 요구르트는 체내 유익균을 증가시키고 유해균을 억제하는 데 도움을 주어 우리 몸의 면역력 증진에 도움이 된다.

사과

아침 사과는 황금 사과라고 한다. 사과는 우리 몸에 좋은 섬유질과 영양분이 풍부하다. 사과는 몸에 좋은 박테리아 수치를 향상하며 몸에 좋은 이 박테리아는 미생물의 균형을 유지하기에 유리한 pH 조건을 제공한다.

김치

우리나라 대표 발효음식 김치는 유익한 유산균이 풍부하다. 김치에 풍부하게 들어 있는 유산균인 락토바실러스 플란타룸은 항균, 항바이러스 효능이 있어 면역력 강화, 항산화효과, 항암효과가 있다고 알려져 있다.

두유

만약 유당불내증이 있다면 우유를 대신해 두유를 마셔보는 것도 나쁘지 않다. 콩으로 만들어진 두유는 콜레스테롤과 유당이 없고, 단백질과 프로바이오틱스도 풍부하다.

두뇌 성장의 어머니 뇌신경 영양인자(BDNF)

뇌는 신체능력 향상을 위한 핵심이다

바이오해킹이란 우리 몸의 정보를 수치화하여 만약 피로도가 높으면 피로감을 낮추는 작용을 하도록 만드는 기술이다. 최첨단 과학기술을 바탕으로 더욱 강한 신체로 만드는 것이다. 지금의 의사는 훗날 바이오해커라고 불리게 될지도 모른다.

바이오해커는 꼭 인간의 몸을 마음대로 무기로 만들고, 윤리적인 문제가 얽힌 것처럼 들리지만, 사실 '영원한 젊음'을 갈망하는 마음과 똑같다. 자신의 전성기 시절 외모와 몸을 유지하고 싶은 욕망을 기술화한 것이다.

몸을 변화시키는 이 기술의 핵심은 뇌에 있다. 우리말로는 '뇌신경 성장인자' 또는 '뇌 유래 신경영양인자(BDNF)'라고 부르는 이것은 뇌신경을 성장시키고, 생존을 위해 배우고, 분화하여 뇌신경끼리 시냅스를 연결하고 만드는 데 역할을 하는 중요한 물질이다.

운동을 하고 나면 묘한 쾌감이 있다. 성취감이라는 추상적인 단어로 부르는 이 감정은 뇌신경내분비물이 행복감을 느끼게 하고 긍정적인 감정을 느끼게 만드는 결과다. 이러한 신경내분비 전달물질에는 우리가 잘 아는 도파민, 세로토닌, 옥시토닌과 함께 BDNF가 있다.

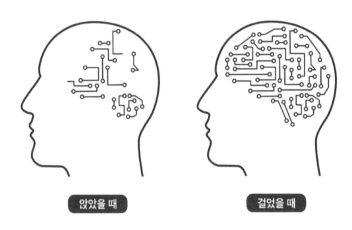

앉았을 때   걸었을 때

BDNF는 뇌유래신경영양인자, 영어로는 'Brain-derived neurotrophic factor'의 약자로, 유전자에 의해 생성되는 뇌 속 단백질이다. 이러한 BDNF 는 '뇌를 위한 미라클'이라고 불릴 만큼 뇌의 기억중추에 새로운 뉴런이 생성되도록 촉진하며 기존의 뇌세포를 보호하는 중요한 능력을 가지고 있다.

BDNF는 우리의 몸을 순환하며 뉴런의 발달을 촉진시키고 뇌신경 손상의 억제를 막는다. 또한 신경 재생에 중요한 역할을 한다. 해마 부위의 신경 가소성(뇌가 스스로 신경회로를 바꾸는 힘)에 긍정적인 영향을 주어 학습능력과 기억력을 향상하는 작용을 한다고 보고되기도 했다. 즉 체내 BDNF 수준이 높으면 새로운 지식을 보다 쉽게 습득하고, 일반적으로 행복감을 더 크게 느낀다.

운동을 하거나 햇볕을 쬘 때 기분이 좋아지는 것처럼 BDNF는 천연 항우울제로 작용한다. 반대로 BDNF 수치가 낮아지면 우울감을 느끼고 심하면 우울증까지 겪을 수도 있다.

알츠하이머 치매가 진행될 때 해마와 내후각피질은 가장 먼저 손상되는 부위다. 또한 이 부위에서 가장 먼저 감소하는 수치가 바로 BDNF다. 프레이밍햄(Framingham Heart Study) 연구에서는 60세 이상 2,000명을 대상으로 BDNF 수치를 측정하고 10년 뒤에 누가 치매에 걸리는지 조사했다. 그리고 그 결과 BDNF 수치가 높은 사람들이 치매에 걸릴 위험이 가장 낮다는 것을 발견했다.

미국 샌디에이고 캘리포니아대학 중개신경과학연구소는 BDNF를 만드는 유전자를 뇌에 주입하는 치매 치료법도 연구 중이다. BDNF의 분자는 크기가 크기 때문에 체외에서 주입하면 혈뇌장벽을 통과할 수 없어서 인체에 무해한 아데노 바이러스에 BDNF를 만드는 유전자를 실어 뇌의 두 부위에 보내는 방법을 쓴다.

현재는 쥐와 원숭이를 대상으로 시냅스 연결이 회복되고 진행하던 신경세포가 퇴화되는 것이 완화됐다는 것을 확인한 정도이다.

BDNF를 증가시키는 방법

운동

『운명의 과학』(한나 크리츨로우 지음/브론스테인)이라는 책에서는 BDNF가 회복 탄력성을 끌어올리는 데 필요하다고 강조한다. 이 책에 따르면 BDNF는 후천적으로도 충분히 생성할 수 있다는 것이다.

결국 '운동하기', '잠 잘 자기', '즐겁게 생활하기'가 정답이다.

신경전달물질인 엔돌핀이 우리 몸에 도움이 된다는 사실은 모두 잘 알고 있다. 이 엔돌핀은 운동을 할 때 잘 분비되는데, 운동은 BDNF의 생산을 촉진하는 활동이기도 하다. 짧은 시간이라도 고강도로 운동을 할 때 BDNF 수치를 극적으로 높일 수 있다.

2012년 「뉴로사이언스Neuroscience」에 발표된 연구에서는 '생산성과 행복 증진에 대한 비법은 규칙적으로 꾸준히 운동하는 것'이라고 전했다. 또한 매일 조금씩 몸을 움직이는 게 일주일에 한두 번 고강도로 운동하는 것보다 더 낫다고 설명한다.

BDNF를 증가하는 운동효과는 연령과 상관없이 일어난다. 규칙적으로 운동을 하면 모든 연령이 BDNF 분비가 촉진되어 뇌신경 보호 효과가 일어나고 특히, 초등학생은 수업 전 아침 운동을 했을 때 BDNF가 유의미한 증가를 보였다.

실제로 1회성 운동 때는 BDNF의 증감이 뚜렷하게 나타나지 않지만, 며칠 이상 규칙적으로 운동한 후에는 꾸준히 BDNF가 증가하는 것으로 나타났다. 규칙적으로 운동을 할 수 없는 경우라도 운동은 최소한 BDNF가 감소하는 것을 억제하는 효과가 있으므로 운동은 BDNF에게 필수적인 요소라고 할 수 있다.

이때 운동이란 유산소성과 복합 트레이닝을 더한 운동을 뜻한다.

예를 들어 맨손체조, 스쿼트, 윗몸일으키기, 팔굽혀펴기, 앉고 일어서기 같은 저항운동과 함께 달리기를 실시하는 것이다. 30분 동안 격렬하게 자전거를 탈 때 BDNF는 증가했지만, 근력운동만으로는 유의미한 변화가 없었다.

유산소운동에는 걷기, 달리기, 줄넘기, 등산이나 수영도 포함된다. 대개 숨이 차면 유산소운동이라고 할 수 있는데, 최소 주 3회 이상 규칙적으로 하는 게 좋다.

수면과 상호작용

일본 콜로니발달장애 연구소의 연구 결과를 보고한 바에 따르면 특히, 유아기에 불규칙적으로 수면을 취하면 BDNF의 분비 리듬이 깨지게 되어 뇌 발달에 이상 증상을 유발할 수 있다.

생후 6일에 접어든 실험쥐가 자고 있을 때 억지로 깨우는 등 수면장애를 9일 간 일으킨 뒤 대뇌피질의 BDNF을 조사한 결과, 수면장애를 겪은 쥐는 그렇지 않은 쥐보다 불규칙적으로 BDNF를 분비했다. 이때 생후 6일째인 실험쥐는 인간의 경우 유아기에 해당한다. 그러므로 BDNF가 제 기능을 다할 수 있는 최적의 순간은 우리가 깊게 잠든 시간이다.

또한 뇌는 글림프 시스템을 사용하는데, 글림프 시스템이란 우리가 잠을 자는 도중에 신경세포 간 틈새 공간을 늘려 뇌척수액의 흐름을 늘리고 노폐물과 독소가 원활하게 배출되도록 하는 이른바 배수기능이다. 이때 신경세포 간 틈새는 평소보다 60% 가량 넓어지며 뇌척수액의 흐름은 20배 이상 증가한다. 낮에 생긴 뇌의 대사활동 노폐물은 뇌척수액으로 이동해 제거된다.

밤에 숙면을 취하지 못하면 머리가 무거워지는 원인이 여기에 있다. 낮에 뇌의 활동으로 생긴 대사산물인 노폐물이 제대로 제거되지 못했기 때문이다.

사교활동

사람들과 어울리는 사교활동은 BDNF를 증가시킨다. 가족이나 친구와 건강한 관계를 맺을수록 BDNF는 풍부해진다.

사교활동은 암 발생률을 감소시키고 BDNF를 증가시킨다.

과학전문지 「셀Cell」에 실린 미국 오하이오대학 신경과 전문의 매슈 듀어링Matthew During 박사의 발표에 따르면, 사교활동은 암 발생률을 감소시키고 BDNF를 증가시킨다. 이는 치명적인 피부암인 흑색종 세포를 주입한 쥐를 대상으로 실험한 결과였다.

듀어링 박사는 흑색종 모델 실험쥐를 다른 쥐 15~20마리와 장난감, 쳇바퀴 등을 갖춘 넓은 공간에서 6주 동안 살도록 했다. 관찰 결과 실험쥐의 BDNF가 증가함과 동시에 종양괴는 평균 77%, 종양 용적은 43% 감소했고, 그 가운데 5%는 종양이 완전히 사라졌다.

반면에 환경을 바꾸지 않고 이전처럼 다른 쥐 5마리와 작은 공간에서 함께 특별한 자극을 받지 못한 흑생종 쥐는 이러한 효과를 보이지 않았다.

BDNF 증가를 돕는 것

- 규칙적 운동 패턴과 수면
- 녹색 바나나
- 흰콩
- 렌틸 콩
- 귀리
- 생꿀
- 블루베리
- 심황(커큐민)
- 햇빛
- 플라보노이드와 마그네슘
- 오메가-3와 DHA가 높은 생선
- 비타민 B3
- 프로바이오틱스
- 말차

BDNF를 감소시키는 요인

반대로 BDNF를 감소시키는 요인은 당도, 스트레스와 고립이다. 설탕 섭취는 뇌의 인지 능력과 자제력을 모두 손상하는데, 설탕은 보상 중추에 마약 같은 효과를 일으키며 BDNF 생산에 직접적인 영향을 미친다. 특히 BDNF 유전자는 스트레스를 받게 되었을 때 폭식을 하게 만든다. 음식을 먹고 난 후, 호르몬의 일종인 랩틴과 인슐린이 뇌의 시상하부에 '배가 부르다.'라는 포만감 신호를 보내야 우리는 식욕을 억제할 수 있게 되는데, 만약 스트레스를 받거나 혹은 태아가 자궁에 있을 당시 '짧은 BDNF'로 태어난다면 정상적인 사람보다 포만감 신호 전달을 방해받아 과식하게 될 수도 있다.

미국 조지타운대 메디컬센터 연구팀은 "유전적 변이가 조작된 쥐는 밥을 그만 먹어야 한다는 신호가 뇌의 시상하부에 전달되지 않아 식욕 호르몬에 대한 뇌의 반응 체계가 완전히 무너졌다."라며 "그 결과 유전자가 변이된 쥐는 정상 쥐보다 80%나 많은 음식을 섭취하게 됐다."라고 전한 바가 있다.

또한 스트레스는 BDNF의 감소를 유발해 면역 체계를 파괴한다. 특히 만성적인 스트레스는 고혈압, 피로, 우울증, 불안, 심장병까지 유발할 수 있다.

사교활동이 BDNF를 증가하도록 하는 데에서 짐작할 수 있듯이, 그와 반대의 결과도 있다. 외로움을 타는 사람은 그렇지 않은 사람보다 건강 문제가 더 많고 수명도 짧은 것으로 나타났다. 외로움이라는 단순한 기분이 아닌, 고립 또는 정신적인 자극의 부족이 BDNF 감소로 이어진 것이다.

이와 관련한 연구 결과 있다. 미국 연구진은 쥐를 혼자 두는 격리 기간과 뇌 변화의 상관관계를 추적 관찰로 알아냈다. 약 한 달 동안 실험쥐를 격리하였을 때, 쥐의 뇌에서 신호를 전달하는 수상돌기 가시의 밀도가 높아졌다. 이 밀도가 높을수록 기억과 관련한 인지기능 또한 증가하는데, 이는 환경으로부터 받는 자극이 줄어든 쥐의 뇌가 남은 힘을 쥐어짜내 기능을 했다는 의미이다.

하지만 격리한 지 3달이 넘어서자, 수상돌기 가시의 밀도는 도로 감소했다. 지속된 고립을 이겨내지 못한 것이다. 이와 더불어 BDNF의 농도는 감소하고, 스트레스 호르몬인 코르티솔의 농도는 증가했다.

ADHD는 뇌질환이다

ADHD란?

ADHD 증후군은 '주의력결핍 과잉행동장애'라고 하기도 한다. 이 증후군은 집중력을 담당하는 뇌신경전달에 필요한 물질이 과잉 분비되어 행동조절장애를 일으키는 것이다. ADHD 증후군은 집중력이나 주의력이 다른 사람에 비해 많이 떨어지고, 지나치게 산만한 증상으로 나타난다.

대부분 12세 이전에 발병하기 쉽지만, 성인에게도 보인다. 반복되는 실수, 일을 시작하고 끝내지 못하는 집중력 저하, 잦은 싫증, 어려운 감정조절 등은 모두 세계보건기구(WHO)가 밝힌 '성인ADHD'의 증상이다.

ADHD 증후군은 30명 중 4~5명이 겪고 있을 정도로 흔하다. 소아·청소년은 단순히 '산만하다.'라고 여기거나, 성인은 '덜렁거린다.'라고 생각해 ADHD인 줄도 모르고

넘어가는 경우가 적지 않다. 특히 소아·청소년은 치료나 상담을 받을 생각을 해보지 않고 부모의 교육으로만 충분히 훈육할 수 있다고 착각하기도 한다.

하지만 ADHD 증상은 어릴 때 치료하지 못한다면 청소년기와 성인이 되어서도 남기 쉽다. 그래서 만약 ADHD 증후군이 의심될 때는 적극적인 치료가 이루어져야 한다.

실제로 ADHD는 전 세계 성인의 약 6.76%가 겪는 증상이지만 성인 ADHD는 대부분 '성격 문제'로 치부되고 있기도 하며, 이러한 증후군은 질환이란 인식이 부족하고 진단도 어렵기 때문이다. 실제 국내 성인 ADHD 치료율은 2017년 기준 0.76%에 불과하다.

전문가들은 우리가 흔히 접하는 음주운전, 이혼, 실직, 이직 등 다양한 사회적 문제를 일으키는 사람들이 성인 ADHD와 연관돼 있을 수 있다며 조심스럽게 추측하기도 한다.

ADHD 증상

최근에는 극심한 학습장애를 유발하는 ADHD 증후군을 앓는 아동과 청소년이 몇 년 전에 비해서 엄청나게 늘어나고 있는 것으로 조사됐다.

ADHD는 단순히 산만한 증상만 있는 것은 아니다. 충동적이거나 공격적인 모습, 우울한 모습 등 다양하게 나타난다. 이 병은 증상에 따라 과잉행동-충동형, 주의력 결핍형, 혼합형의 3가지 유형으로 나눌 수 있다. 크게

'혼합형'과 '주의력 결핍형'으로 나누며 과잉행동-충동형은 혼합형에 포함된다. 혼합형은 그야말로 행동이 지나치고, 충동성이 함께 나타난다. 일반적으로 우리가 아는 ADHD 증상과 비슷하다. 잠시도 가만히 있지 못하거나, 어떤 일을 참지 못하고 공격성을 보이거나 하는 증상이 대표적이다. 반면 주의력 결핍형은 '조용한 ADHD'로 부를 만큼 그 증상은 가만히 혼자 손만 꼼지락대는 등 주의집중만 안 되는 편이라서 조기에 알아채기 쉽지 않다.

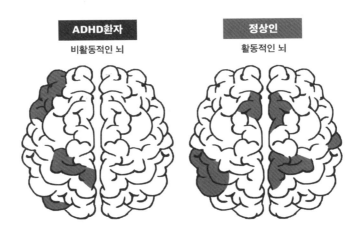

성인에게 갑자기 ADHD가 생기지는 않는다. 성인 ADHD는 어렸을 때부터 ADHD가 보였는데, 스스로 모르고 있거나 뒤늦게 발견한 경우 혹은 아동기 때 치료를 받지 않은 경우가 많다. 소아 ADHD 환자 50% 가량은 성인 ADHD로 진행한다는 연구도 있다.

또한 지능이 높아도 ADHD는 발병할 수 있어서 지능이 높은 일부 ADHD 환자들은 초등학교, 중학교 때 스스로는 물론 타인이 보기에도 ADHD인 줄 알아차리기 어렵다. 심지어 지능이 높은 ADHD 아동은 정상적인 아동보다 이해력이 빨라서 수행해 내는 속도도 빠르며 여러 가지 일을 동시에 해내기도 한다. 단순한 과제는 크게 주의집중을 하지 않아도 금방 해결하기 때문이다.

하지만 학년이 올라가고 복잡한 과제를 하게 되면서 증상을 천천히 알아차리게 된다. ADHD 증후군이 계속된다면 학업 성적은 떨어지게 되고, 과제 수행은 물론 수업 시간에도 심각한 문제를 가져올 수 있다. 그래서 지능이 높은 ADHD는 대체로 늦게 병원을 방문하게 되는 경우가 많다.

아동과 성인이 보이는 증상은 다르다. 어느 정도 사회화를 거치면서, '이런 행동을 하면 안 된다.' 라는 사실을 습득했기 때문이다. 그래서 충동성이나 공격성의 증상이 다르게 나타나는 경향이 있다. 바로 부주의성인데, 성인에게서 많이 보이는 증상이다.

실제로 직장인이 수시로 자리에서 일어나거나, 대놓고 1시간 내내 손가락을 뜯고 있기는 어렵다. 성인 ADHD 환자의 몇 가지 대표 행동이 있다. 업무를 할 때 자꾸 실수를 하거나, 먼저 스스로 계획하는 걸 잘 하지 못 한다. 데드라인을 지키지 못 한다는 뜻이다. 대부분 일을 시작하는 것을 미루거나 업무 도중에 자꾸 다른 일을 하고, 마무리하는 것을 어려워한다.

이러한 증상이 동반하는 이유는 대부분의 ADHD 환자가 충동적이기 때문이다. 상황과 순간에 따라 오직 자기 기분에 내키는 걸 하려고 하지, 계획에 맞춰 움직이는 일을 선호하지 않는다. 밥을 먹기 위해 줄을 서서 기다리기 힘들어 하거나 음주운전은 물론 과속으로 인한 자동차 사고를 많이 내는 등 다양한 형태로 나타난다. 또한 알코올에 중독되거나 도박 혹은 게임에 빠지는 경우도 있다. 분노조절장애를 겪는 성인 ADHD 환자도 많다. 성인 분노조절장애 유병률이 2~3% 정도인데, 이는 ADHD 유병률과 큰 차이가 없다.

ADHD 테스트

아래 세 가지 자가 테스트로 ADHD의 정도를 알아보자.

주의력 결핍

- 부주의로 실수를 잘 한다.
- 집중을 오래 유지하지 못 한다.
- 다른 사람 말을 경청을 못 한다.
- 과제나 시킨 일을 끝까지 완수하지 못 한다.
- 계획을 세워 체계적으로 하는 데 어려움을 느낀다.
- 지속적 정신집중을 필요로 하는 공부, 숙제 등을 싫어하거나 회피하려 한다.
- 필요한 물건을 자주 잃어버린다.
- 외부 자극에 의해 쉽게 정신을 빼앗긴다.
- 일상적으로 해야 할 일을 자주 잊어버린다.

과잉 행동

- 손발을 가만히 두지 못하고 앉은 자리에서 계속 꼼지락거린다.
- 제자리에 있어야 할 때 마음대로 자리를 뜬다.
- 안절부절 하거나 가만히 있지 못 한다.
- 집중을 하지 못하거나 활동에 조용히 참여하지 못 한다.
- 끊임없이 움직인다.

• 지나치게 말을 많이 한다.

• 질문이 끝나기 전 대답한다.

• 차례를 기다리지 못 한다.

• 다른 사람의 활동에 끼어들거나 방해한다.

　9개 항목 중 6개 이상이면 ADHD 증후군 확률이 높다.

　만약 ADHD로 의심되는 사람이 있다면 ADHD 테스트를 참고는 게 좋다. 소아나 청소년은 부모가 판단하는 게 옳고, 성인은 자가진단 혹은 가족이 판단하는 게 객관적이다.

ADHD의 원인은 무엇일까?

유전

　전제 ADHD 증후군의 약 75퍼센트는 어쩔 수 없이 유전적 요인에 영향을 받는다고 한다. 일란성 쌍둥이인 경우 92%의 일치율을 보이며, 형제들인 경우 25~30%의 일치율을 보인다는 연구 결과가 있다. 또 다른 보고에서는 부모가 ADHD를 앓은 전적이 있으면 자녀가 ADHD인 비율이 57%, 형제가 ADHD인 경우에는 대략 30%로 나타났다.

신경전달물질의 대사 이상

　주로 도파민과 노르에피네프린의 감소가 ADHD와 관련이 깊다는 이론이 제기되고 있다. 버클리^{Russell A. Barkley}는 도파민이 주의력을 높이고 과잉 행동을 감소시키고, 노르에피네프린은 실행 기능을 향상하고 충동성을 억제한다고 보았다.

또한 임신 당시 또는 출생 후 화학 독소에 노출되는 것도 한 원인이라는 결과가 있다. 임신 중 과다한 음주, 흡연, 납 중독 등이 그 요인이다. 또한 신체의 한 곳이 충격을 받아 뇌가 손상이 되면 ADHD를 일으킬 수 있다는 연구 결과가 나왔다.

해마의 크기

네덜란드 라드바우드대학 연구팀은 ADHD 환자의 뇌를 관찰했다. 정상인과 다른 점은 뇌의 용적이었는데, 연구팀은 ADHD 환자의 뇌 용적은 정상인의 용적보다 훨씬 작았으며, ADHD 환자는 정상인보다 전전두엽 부위가 작아서 제 기능을 하지 못하고, 정보와 감각을 처리하는 기능이 떨어진다고 밝혔다.

또한 연구팀은 ADHD 환자의 뇌 부위 중 해마를 포함한 다섯 곳(미상핵, 편도체, 피각, 측중격핵, 해마)이 현저히 작다는 것을 발견했다. 수치로 보았을 때는 정상인에 비해 2~3% 작지만, 해당 부위가 맡은 기능이 다양하고 중요하기 때문에 미세한 차이도 우리 몸에 큰 영향을 준다.

실제로 미상핵, 편도체, 피각 등은 대뇌반구의 중심 부위에 위치한 기저핵에 속해 있다. 우리가 걷고 뛰는 등 몸을 움직이는 활동과 얼굴 표정, 자세, 걸을 때 팔을 움직이는 기능 등을 도맡아 한다.

사회적 요인

생물학에 얽힌 원인뿐만 아니라 부모의 부적절한 양육 방식, 애착, 다른 사람과의 상호작용, 가정환경, 사회적인 시선이 ADHD의 또 다른 원인이 된다는 연구 결과가 있다. 아동의 정서 발달은 심리적인 안정과 관계가 깊다. 비록 주된 원인이 될 수는 없으나 확실한 것은 경미한 ADHD가 있는 아동의 증상을 악화하는 요인이 된다는 점이다.

하지만 그 반대로 부모의 적절한 양육 방식과 안정된 가정환경, 사회경제적인 환경은 ADHD 아동에게 성장 과정에서 적절한 보살핌과 치료를 받도록 해 주고 정서적인 안정을 제공하기 때문에 긍정적인 예후를 보인다.

ADHD 치료법

약물요법

현재 ADHD 증후군을 치료하는 중요한 방법인 약물치료는 가장 널리 사용되고 있는 중추신경 자극제다. 이 중추신경 자극제는 뇌신경세포의 시냅스에서 작용하여, 신경전달물질 전달에 관여함으로써 불균형을 정상적으로 돌려놓는 역할을 한다.

부작용

ADHD 치료제의 부작용으로는 두통, 위통, 불면증, 식욕 저하, 어지러움, 소화불량, 구역, 구토, 피로, 식욕감소, 어지러움, 기분 변화 등 다양한 증상이 나타날 수 있다. 대체로 수면장애를 악화시킬 수 있으니 오전에 복용하는 것을 권장한다.

하지만 이러한 부작용은 환자의 10% 정도만 부작용을 견디기 어려워 약을 중단할 뿐, 하루 이틀 지나면서 사라지는 경우가 대부분이다.

치료 효과

실제로 ADHD 약물 치료를 진행하면 전두엽 및 전두엽과 관련된 뇌 네트워크가 활성화된다. 약물 치료를 1년간 이어나간 뒤, 환자의 상태를 살펴보면서 복용의 정도를 줄이거나 끊게 할 수 있다.

하지만 약물만으로는 한계가 있다. 인지행동치료도 병행해야 하는데, 소아, 청소년 환자는 부모 교육도 함께 진행한다. 부모가 교육 방법을 모르고 있을 가능성이 있고, 아이가 그저 집중이 잘 되지 않는 상황인데, 부모가 무작정 혼내고 감정적으로 대하면 우울증이나 품행장애 등 다른 문제 상황이 생기기 때문이다.

그러나 환자의 30% 정도는 약물에 잘 반응하지 않는다. 이러한 경우에는 인지행동치료를 위주로 해야 한다. 만약 증상이 심하지 않고, 우울증이나 폭력성이 거의 없는 ADHD 환자는 필요할 때 간헐적으로만 약물을 쓰기도 한다.

비약물 치료

ADHD는 널리 알려진 증후군이다. 그 덕분에 다양한 심리 · 사회 · 교육적 프로그램을 가까이에서 찾아볼 수 있다. 그중에서도 집중을 방해하는 요소를 최대한 없앤 환경에서 행동개입 요법이 가장 많이 사용된다.

아직 입학하지 않은 소아에게는 부모 교육, 학령기 소아에게는 그룹 부모 훈련과 교실 안에서의 행동개입 프로그램이 1차적으로 추천된다. 또한 청소년기에는 한곳에서만 집중적으로 훈련하는 것이 아니라 집, 학교에서의 다양한 장소와 역할 속에 개입을 하며 사회적 기술에 대한 훈련도 포함하는 것이 알맞다.

교육

환경과 상황에 변화를 주는 방법으로써 가능하면 인원이 적은 교실 또는 분위기를 맞추어 주고, 좌석은 앞쪽 자리, 산만한 행동을 하면 즉각적인 주의를 주며, 초기는 학습시간을 짧게 하고 서서히 시간을 늘려 가도록 하는게 좋다.

또한 ADHD 증후군인 아이들과 미리 규칙을 정해 주는 것도 좋다. 예를 들어 '책을 2페이지 읽은 후에 다른 행동을 하기'라든가 '밥을 다 먹은 후에 자리에서 일어나기' 등 문제 행동이 되는 것을 구체적으로 써놓고, 올바른 행동을 했을 때는 상을 주고 반대의 경우에는 벌을 주는 방식이 도움이 된다.

식이영양치료

미국 하버드 의과대학 정신의학과 조시부시는 ADHD는 자기조절을 담당하는 뇌 영역에서 낮은 수준의 도파민과 노르아드레날린에서 비롯되는 것으로 보이고, 이로 통해 집중과 부적절한 행동을 억제하는 데 어려움을 겪는다고 말하고 있다. ADHD 증후군은 인공색소나 향신료에 깊은 관련이 있다는 연구 결과가 종종 나오고 있다. 실제로 식단에서 인공색소나 향신료를 제외하였더니 4~6주 후 ADHD 증상이 많이 줄었다는 보고가 있다.

식이요법 중 ADHD의 가장 큰 원인은 설탕과 카페인이다. 두 제품을 섭취한 후 행동이 과격해졌다는 보고가 있는데, 과격 행동을 보인 아동 261명 중 75%가 ADHD증후군을 겪고 있다는 통계 결과가 있다. 하지만 그 반대로 설탕을 섭취하지 않은 아동들은 조용하고 활동성도 많이 줄었다고 보고됐다.

카페인은 각성을 증가시킬 수 있고, 초콜릿은 기분에 영향을 줄 수 있으며, 알코올은 행동을 변화시킬 수 있다. 미국 쇤탈러 연구팀에 따르면 비타민과 미네랄 보충제는 어린이의 반사회적 행동을 감소시킬 수 있으며 다중 불포화 지방산은 폭력적인 행동을 감소시키는 것으로 나타났다. 연구에 따르면 어린이의 잘못된 영양 습관은 혈액 내 수용성 비타민 농도를 낮추고 뇌 기능을 손상시켜 폭력 및 기타 심각한 반사회적 행동을 유발한다. 균형 잡힌 식단이나 비타민-미네랄 보충제를 통한 영양소 섭취는 혈액 내 낮은 비타민 농도를 맞춰주고 뇌 기능을 개선하며 결과적으로 제도적 폭력과 반사회적 행동을 거의 절반으로 낮추어 준다고 임상시험 결과를 발표하였다.

다음은 영양 요법으로 ADHD의 보충제의 도움이 되는 것을 살펴보자.

아미노산

신체의 모든 세포가 기능하려면 아미노산이 필요하다. 무엇보다도 아미노산은 뇌에서 신경전달물질 또는 신호 분자를 만드는 데 사용된다. 특히 아미노산 페닐알라닌, 티로신, 트립토판은 신경전달물질인 도파민, 세로토닌, 노르에피네프린을 만드는 데 사용된다. 연구에 따르면 ADHD가 있는 사람들은 이러한 신경전달물질에 문제가 있을 뿐만 아니라 이러한 아미노산의 낮은 혈액 및 소변 수치에 문제가 있는 것으로 나타났다.

철과 아연

철과 아연 결핍은 ADHD 여부와 상관없이 모든 어린이에게 정신장애를 일으킬 수 있다고 보고되고 있다. 그러나 비타민 B6, B5, B3 및 C의 메가 용량의 효과도 조사되었지만 ADHD 증상에 대한 개선은 보고되지 않았다.

오메가-3 지방산

연구에 의하면 ADHD가 있는 어린이는 일반적으로 ADHD가 없는 어린이보다 오메가-3 지방산 수치가 낮은 것으로 보고되었다. 오메가-3 지방산이 개선 효과를 보이는 것은 이젠 놀라운 일도 아니다.

그러나 모든 연구자들이 확신하는 것은 아니지만 이 주장을 뒷받침하는 많은 연구의 공통점이기도 하다.

ADHD 치료율

ADHD의 치료율은 낮은 편이다. 치료 후 개선되지 않았다는 게 아니라 치료를 받는 사람 자체가 적다는 뜻이다.

올해 초 발표된 세계보건역학 레퍼런스 그룹(GHERG), 영국 그리고 중국 대학 연구진의 공동연구보고서는 전 세계 성인 ADHD 유병률을 6.76%, 만성적 유병률을 2.58%로 추산했다. 이는 곧 세계적으로 최대 3억 6,633만 명의 성인이 ADHD의 영향을 받았을 수 있다는 의미지만 실제 치료를 받는 이들은 극소수다.

우리나라에서 성인ADHD 유병률은 편차가 크다. 최소 1%에서 최대 5%까지 다양하게 보고된다. 이는 곧 적게는 40만 명, 많게는 200만 명의 성인이 ADHD를 겪고 있다는 뜻이지만 2017년 기준 국민건강보험공단의 데이터에 따르면 실제로 ADHD 진료를 받은 성인은 8천 명 남짓이었다. 이러한 이유를 전문가들은 ADHD를 진단하기 어렵다는 점, 편견 등을 꼽았다.

또한 ADHD는 앞서 언급한 것처럼 우울증, 도박 중독, 알코올 중독, 흡연, 분노조절장애 등의 모습으로 나타나기도 하는데 그 기저에 있는 ADHD를 찾아내는 일은 쉽지 않다. 성인 ADHD에 큰 관심이 없다면 눈에 두드러지는 현상만 치료하려고 하기 때문에 주의가 산만하거나 과격한 행동을 보인다면 늘 자신과 타인을 관찰해야 한다.

아직까지 영양행동요법이 많이 알려지지 않은 부분과 현대에 넘치는 청량음료, 유혹을 뿌리치기 어려운 인공감미료, 설탕 등을 적정한 정도로 억제하고 영양요법과 행동 패턴을 조절하는 습관을 가진다면 ADHD와 함께 행복하고 잘 적응된 삶을 살 수 있을 것으로 본다.

뇌가 좋아하는 베타카로틴

루테인, 눈 영양제가 아니라 뇌 영양제다

베타카로틴이 새로운 영양제로 떠오르고 있다. 베타카로틴이란 루테인처럼 우리 몸에 존재하는 이로운 성분으로써 외부에서도 음식이나 영양제로 보충할 수 있는 요소다.

베타카로틴이 왜 눈에 좋은지 이해하려면 뇌와 눈이 연결되어 있다는 점을 먼저 인지해야 한다.

눈은 시신경을 통해 뇌와 연결되어 있다. 우리의 뒷머리 후두엽에 시각중추가 있어서 만약 뒷머리를 다치면 안구는 멀쩡하더라도 시력을 잃을 수 있을 정도로 뇌와 눈의 관계는 밀접하다. 어찌 보면 눈은 뇌의 일부라고 할 수 있다.

뇌는 다른 장기보다 지방이 많고 대사활동이 많다. 그래서 활성산소와 산화 스트레스에 더욱 취약한데, 한마디로 활동이 많은 만큼 영양소가 많이 필요하다는 뜻이다. 그리고 그중에서도 뇌는 루테인을 우선적으로 흡수한다. 실제로 루테인은 인지능력을 향상시키는 데 영향을 미친다는 연구 결과가 있다.

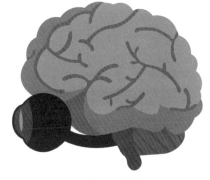

눈은 뇌의 일부다

　루테인, 눈 영양제로 많이 들어
본 단어다. 하지만 앞서 언급한 것
처럼 모든 신체는 뇌에서 시작된
다. 비타민과 마찬가지로 루테인을
뇌나 안구에 둘 중 하나에만 직접
적으로 투여할 수 있다면 무조건 뇌에 투여해야 한다. 그래야 안구까지 닿
기 때문이다.

　살아 있는 사람의 뇌를 관찰할 수 있는 방법이 있다. 바로 망막을 통해
들여다보는 것이다. 망막은 중추신경계의 확장이며 또한 망막의 혈관은 외
부에서 수술적 절개를 가하지 않고 신체 내부의 동맥과 정맥을 직접 관찰
할 수 있는 유일한 부위이기도 하다. 특히 황반이라고 부르는 곳은 루테인
으로 가득차 있다. 만약 루테인이 부족해지면 시력이 떨어지거나 직선이
곡선처럼 휘어 보이는 증상이 나타난다.

　이러한 망막을 통해 식이조절을 시행했을 때 뇌가 루테인을 받아들이는
과정을 지켜볼 수 있고, 그 결과를 분석할 수 있다. 그런데 중요한 점은 여
러 연구 결과에서 루테인이 노년기에 인지기능을 촉진했다는 것이다. 신경
회로가 강화되기 때문이다.

　그렇다면 반대로, 알츠하이머 같은 질환을 앓는 환자의 눈에는 루테인이
그렇지 않은 사람보다 적을까? 정답은 '그렇다'이다. 알츠하이머 환자의
눈뿐만 아니라 혈액에는 루테인이 현저히 적었고, 색소층이 파괴되는 황반

변성증이 더 자주 발생했다. 또한 망막 미세혈관에 손상이 일어난 '망막증' 환자는 치매에 걸릴 위험이 70% 더 높다는 연구 결과가 나왔다.

미국 잭슨빌에 소재한 메이요클리닉 연구팀은 미국 국민건강영양조사 (NHANES)에서 평균 연령이 56세인 성인 5,543명을 대상으로 망막의 미세 혈관이 손상돼 출혈이나 혈액공급장애가 나타나는 '망막증'과 치매 위험 사이의 연관성을 연구했다. 그 결과, 망막증 환자는 망막증을 진단받지 않은 사람과 비교했을 때 치매 발생 위험이 70% 더 높았다.

또한 연구팀은 망막증 환자는 뇌졸중을 앓고 있을 확률이 2배 이상 높다고 분석했다. 향후 10년 이내에 사망할 가능성 또한 망막증이 없는 환자에 비해 더 크며 망막증의 증상이 심할수록 사망할 가능성 또한 높아진다고 추측했다.

베타카로틴의 효능

비타민 A

루테인처럼 눈에 좋은 역할을 하는 비타민은 비타민 A다. 검색창에서 '베타카로틴 효능'이라고 검색하면 가장 먼저 눈에 좋다는 내용이 나오는 이유는 비타민 A와 밀접한 관련이 있기 때문이다.

베타카로틴은 비타민 A의 전구체로 존재하는 성분으로, 식물 속에서는 베타카로틴으로 존재하고 사람 몸에 들어오면 장과 간을 통해 비타민 A로 전환이 된다. 하지만 비타민 A은 부작용이 있어 자칫 위험할 수 있다. 베타카로틴은 그보다 안전하다.

비타민 A는 동물성 비타민이고, 베타카로틴은 식물성 비타민이라고 하지만 베타카로틴이 체내에서 바타민 A로 바뀌는 것과 산화방지제 외에는 전혀 다른 물질이다. 비타민 A는 녹지 않고 축적이 된다. 그런데 이때 비타민 A가 과하게 축적되면 오히려 유해 성질을 보이며 머리카락이 거칠어지거나 부분 탈모 혹은 입술이 갈라지며 피부가 건조해질 수 있다. 또한 두통, 피로, 빈혈, 구토 등을 동반할 수 있는데, 고령자는 대부분 쉽게 골절상을 입을 수 있고 소아는 식욕감퇴 및 성장부진으로 이어질 수 있다. 만약 몇 달 동안 매일 일일 권장량의 10배를 섭취하면 독성을 일으킬 수도 있는 정도이다.

우리가 무조건적으로 비타민 A를 과도하게 지속적으로 섭취하면 탈이 날 수도 있다는 뜻이다. 그러나 베타카로틴은 비타민 A가 적을 때만 비타민 A로 전화되기 때문에 안전한 급원으로 알려져 있다.

활성산소 제거

베타카로틴의 또 다른 효능은 활성산소를 제거해 준다는 것이다.

활성산소는 섭취한 음식물이 소화되고 에너지를 만들어내거나 혹은 우리 몸 안에 들어온 세균 또는 바이러스를 없앨 때 만들어진다. 몸 안으로 들어간 각종 영양소들은 산소와 결합할 때만 에너지로 바뀌는데, 이때 만들어지는 부산물이 바로 활성산소다. 활성산소를 일으키는 요인은 육식 위주의 과식, 과음, 인스턴트식품 섭취, 스트레스, 환경오염 등으로 다양하다.

활성산소의 구조적인 문제를 알아보자면 다음과 같다.

본래 산소의 원자구조는 핵을 중심으로 전자 8개가 돌고 있다. 이처럼 산소는 자신을 둘러싼 전자가 8개일 때 가장 안정적인데, 산소가 대사 과정을 거치면서 전자가 몇 개 떨어져 나가기도 한다. 이때 산소는 불안정한 상태로 바뀌면서 '활성산소'가 된다.

　불안정 상태의 산소는 다시 안정 상태로 돌아가기 위해 자신이 필요한 전자를 만나려고 우리 몸을 활발하게 돌아다닌다. 그리고 이 과정에서 혈관에 영향을 미치면 뇌졸중, 뇌출혈, 심근경색, 동맥경화를 초래하기도 한다. 또한 노화를 유발하는 질병 중 거의 모두가 활성산소와 관련이 있다. 활성산소는 우리 몸의 세포와 DNA를 공격해 노화는 물론, 각종 질환을 일으키는 유해물질로 위장병, 두통, 만성피로, 무력감뿐 아니라 동맥경화증, 신장질환, 알레르기성 피부염의 원인이 된다.

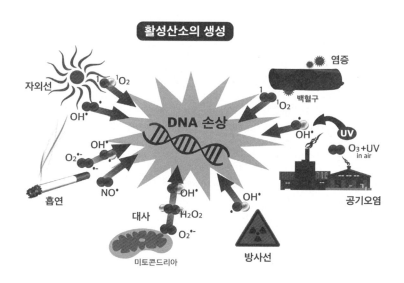

　다시 말해, 활성산소의 본래 기능은 우리 몸에 들어온 세균이나 바이러스 등 유해성분을 제거하여 우리 몸을 지키는 것이지만, 활성산소의 양이 일정 수준보다 지나치게 증가하면 오히려 우리를 공격하는 물질이 될 수

있다. 심지어 미국 존스 홉킨스 의과대학 연구팀은 "모든 질환의 90% 이상은 활성산소로 인해 생긴다." 라고 주장한 바 있다.

특히, 즉시 혹은 장기적으로 우리 몸에 손상을 줄 수 있어서 위험하다. 활성산소가 우리 몸속에서 산화작용을 하면 세포와 단백질, DNA가 손상되어 세포 구조를 바꾸거나 신호전달 체계에 문제를 일으킨다. 또한 우리의 유전자를 손상하고 산화 콜레스테롤을 만들어낸다.

문제는 활성산소는 무조건 생긴다는 점이다. 활성산소는 정상적인 몸이라면 우리가 사는 동안 끊임없이 만들어지는 물질이다. 우리가 호흡하는 산소의 2~5% 정도는 필연적으로 활성산소로 바뀐다. 이렇게 만들어진 활성산소는 우리 몸에서 자체적으로 생산하는 내부 항산화효소로는 모두 제거할 수 없기 때문에 외부에서 항산화물질을 섭취해야 한다.

항산화제는 산화를 방지하는 물질을 일컫는 말로, 노화를 막는 성분으로 알려져 있다. 항산화는 크게 우리 몸이 직접 만들어 내는 항산화효소, 식품으로 얻을 수 있는 항산화물질로 나눌 수 있다. 하지만 나이가 들수록 우리 몸은 항산화효소를 만들어 내는 양이 줄어드는데, 30세부터 줄어들기 시작해 40대에는 25세에 비해 항산화효소가 50% 가량 줄고, 60대가 되면 90% 감소한다고 한다. 따라서 노화가 시작될수록 항산화제를 섭취해야 한다.

이때 항산화제가 함유된 베타카로틴이 도움을 줄 수 있다. 베타카로틴은 강력한 항산화제로써 활성산소를 중화할 수 있다. 또한 활성산소는 산화작용으로 인하여 엘라스틴과 콜라겐을 공격할 때가 있는데, 베타카로틴이 이를 제거해 주면서 피부를 탱탱하게 만들며 외모에서 나타나는 노화를 늦추게 한다.

비타민 A로 전환되거나 활성산소를 제거하는 기능 이외에도 베타카로틴은 그 자체로 체내에 들어온 세균이나 병원체를 제거해 주는 효능이 있어서 우리 몸의 면역력을 올려준다. 또한 베타카로틴은 혈관을 아주 튼튼하게 만들어 노폐물이 쌓일 염려도 없고 동맥경화, 심근경색과 같은 혈관질환을 예방을 해 준다.

베타카로틴이 함유된 음식

당근

베타카로틴의 중요한 기능은 위에서 언급한 것처럼 우리 몸에서 비타민 A로 바뀐다는 것이다. 비타민 A는 시력을 보호하고 특히 야맹증을 예방하는 데 핵심 역할을 하므로 베타카로틴이 부족하면 눈 건강이 위험할 수 있다.

당근은 비타민 A를 함유한 대표적인 음식이다. 식품의약품안전처에 따르면 당근 100g에는 베타카로틴이 7,620㎍ 함유되어 있다. 베타카로틴의 하루 필요 섭취량이 1,260㎍이므로, 당근 하나에 상당량이 포함된 셈이다.

당근은 또한 건선, 습진 등 피부증상을 완화하는 데에도 도움이 되며 항염증 효과가 있다. 특히 당근 즙 한 잔에는 무려 2만 ㎎의 베타카로틴이 들어 있어 쉽게 섭취할 수 있는 항산화제다. 당근을 생으로 먹으면 흡수율이 낮다. 생식을 할 때는 흡수율이 약 10% 정도에 불과하다. 하지만 당근을 올리브유에 조리하면 흡수율이 30~50%로 높아지는 만큼 익혀서 먹는 게 좋다. 그리고 이때 베타카로틴은 당근의 과육보다 껍질에 더 많이 함유되어 있으므로 껍질을 벗기지 않고 조리하는 게 좋다.

파슬리

파슬리는 대개 장식처럼 여겨지지만, 비타민 C를 사과의 20배나 함유하고 있다. 비타민 C는 면역체계를 유지하고 상처 회복을 돕는 기능이 있는데, 파슬리 30g에는 비타민 C 하루 권장량의 절반 이상이 들어 있다. 바라트 아가르왈 박사는 자신의 책 『치유의 향신료』에서 파슬리를 '항산화물질의 조력자' 라고 표현하기도 했다.

파슬리에는 비타민 C를 비롯한 항산화물질뿐만 아니라 다른 항산화물질의 효능을 강하게 만들어 주는 기능도 가지고 있다. 또한 파슬리의 잎과 뿌리는 요로감염, 신장결석, 방광염이나 부종 등의 질병을 개선하는 데 효과적이며, 이뇨작용을 원활하게 만드는 데 탁월하다. 파슬리는 소화장애를 개선하는 데에도 도움이 되는데, 파슬리가 담즙 분비를 촉진하고 음식물을 분해해 영양을 흡수하는 작용을 하기 때문에 예부터 소화불량을 치료할 때 파슬리 오일을 사용하기도 했다.

브로콜리

미국 시사주간지 「타임」은 10대 건강식품으로 브로콜리를 꼽았다.

브로콜리는 식이섬유와 페놀 등 발암물질을 해독하거나 밖으로 내보내는 데 도움을 주는 성분을 함유하고 있다. 또한 여성 암과 대장암, 폐암 예방에 탁월하며 비타민 C 함량이 레몬의 2배나 들어 있어 피로 회복에 효과가 크다.

이처럼 브로콜리는 항산화효과가 뛰어나 농촌진흥청 국립원예특작과학원 채소과 연구팀은 "브로콜리 잎을 쌈채 혹은 녹즙으로 식용함으로써 국민의 보건을 크게 향상 할 것으로 기대된다."라고 전한 바 있다. (브로콜리 품종 및 부위에 따른 항균활성과 항산화 효과_농촌진흥청 국립원예특작과학원 채소과)

브로콜리를 섭취할 때는 물론 날것으로 먹는 것이 가장 좋다. 브로콜리가 가장 많이 함유하고 있는 설포라페인 성분을 잘 흡수할 수 있는데, 설포라페인은 심혈관을 보호하고 헬리코박터균을 제거해 위염을 예방할 수 있는 성분이다.

날것으로 먹기 힘들다면 끓는 물에 살짝 데치거나 스팀으로 1~3분 정도 가열해서 먹는 게 좋다. 충남대 이기택 교수팀이 동아시아 식생활학회에 발표한 연구 결과에 따르면 브로콜리를 1분 이상 끓는 물에서 삶으면 설포라페인이 없어지지만 스팀으로는 1분을 경과하더라도 설포라페인이 90% 유지되므로, 되도록 스팀 조리법을 권한다.

또한 브로콜리는 매운 음식을 곁들여 먹을 때 흡수가 극대화된다. 일리노이 대학의 제퍼리 교수는 매운 음식에 있는 미로시나아제 효소가 브로콜리에서 없어진 설포라페인을 다시 살려내는 기능을 한다고 말했다. 이 효소는 겨자나 고추냉이에 함유되어 있으므로 브로콜리를 찍어 먹는 것도 좋다.

뇌가 아프면 심장도 아프다

뇌는 감정을 기록하고 심장에서 느낀다

인간에게 우리는 가족, 친구, 애인, 애완동물 등 많은 감정적인 것과 공유한다. 내가 원하든 원치 않든 즐거움과 슬픔은 다가오고 비통한 심정까지 몰려올 때가 있다. 우리가 사랑과 비통함을 경험하게 될 때 뇌와 몸에는 어떤 일들이 일어날까?

연구에 따르면 뇌는 슬픔과 기쁨을 감정으로 기록하고 몸에 반응을 일으킨다. 매우 슬픈 감정을 가지게 된다면 실제 신체적 고통을 일으키는 것처럼 느낄 수 있다. 육체적 고통을 뇌는 감정적 고통과 연관시키는 방식을 암시한다.

우리는 사랑에 빠지면 수많은 호르몬들을 생성한다. 사랑이 마약처럼 중독될 수 있다는 말은 뇌가 방출하는 호르몬 때문이다. 도파민과 옥시토신은 기분을 좋게 만들고 반복적 패턴으로 행동하고 싶게 하는 호르몬으로 사랑에 빠졌을 때 높은 수치를 분비하며 심장에서 느낀다.

슬픔과 비통한 마음이 생기면 급속도로 호르몬 수치가 떨어지고 스트레스 호르몬인 코르티솔이 발생한다. 코르티솔은 스트레스를 받을 때 분비되는 호르몬이다. 코르티솔을 너무 많이 또는 너무 적게 생성하면 문제가 발생한다.

심한 정서적 스트레스는 심장의 좌심실을 마비시켜 숨가쁨, 현기증, 의식상실 등 심장마비와 유사한 증상을 유발한다. 물론 심장마비와는 다르지만 사람들은 심장마비를 겪는다고 생각하기도 한다.

스트레스를 완화시키고 잘먹고 긍정적으로 기분 좋은 상태를 유지하면 호르몬의 수치는 올라갈 것이다. 지금부터 누구에게나 한번은 다가올 뇌와 심장질환에 대해 알아보자.

혈액순환이 되지 않을 때 나타나는 증상

뇌의 혈관들은 다른 혈관보다 약한 편이다. 중간 중간 꺾인 부분이 많고, 뇌는 우리 몸 전체를 관리하기 때문에 뇌의 한 군데라도 잘못되면 우리는 말을 하지 못하게 되거나 운동을 못 하는 등 다양한 곳에서 문제가 생길 수 있다.

그런데 이러한 뇌혈관이 막히면 어떻게 될까? 즉 뇌로 가는 혈액순환이 방해될 때 나타나는 증상이 무엇일까?

이른바 '혈액순환장애 5대 증상'에는 손발 저림, 시림, 기억력 감퇴, 만성 피로, 무기력증이 있다.

손발이 차거나 저리다

손발이 저리거나 차갑다는 것은 혈액이 끝까지 전달되지 않아서 나타나는 증상이다. 이러한 증상을 계속 방치하면 피부가 변색되거나 심할 경우 괴사할 수도 있다.

저리는 증상이 악화되면 감 각을 느끼지 못하는 마비증상 도 올 수 있다. 팔과 다리에 혈 액이 제대로 순환하지 않으면 팔다리뿐만이 아니라 몸 전체 의 혈액순환 기능이 저하된다. 이때 '몸 전체'에는 당연히 뇌도 포함이 된다.

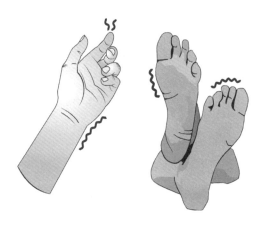

체한 느낌

혈액순환이 잘 되지 않을 때 나타나는 증상 중 하나는 명치끝을 눌렀을 때 통증을 느낀다는 것이다. 이는 혈액순환이 더뎌지면서 소화 기능이 떨어져 우리 몸의 위에 가스가 찼을 때 나타나는 증상으로, 소화기관에 문제가 생기면 혈액이 위로 쏠리게 되기 때문이다. 또한 이때 뇌에는 오히려 혈액이 부족해진다.

만성피로와 무기력감

단순히 피곤, 피로라고 부르는 증상이 오랫동안 지속 되면 만성피로라고 부른다. 만성피로와 무기력증은 우리가 영양분을 섭취해도 몸 구석구석까지 전달되지 못할 때 나타나는 증상이다. 혈액이 원활하게 순환하지 못하면 혈액 속에 있는 젖산이라는 물질이 쌓이게 된다. 피로물질 혹은 근육통을 유발하는 물질로 알려진 젖산은 제대로 배출되지 못하면 이유 없이 늘 피곤하고 무기력할 수 있다.

기억력 감퇴

기억력 감퇴에는 자주 깜빡깜빡하는 건망증까지 포함하는데, 뇌까지 혈액이 잘 공급되지 않으면 뇌 기능이 서서히 떨어져서 나타나는 증상이다. 혈액순환 장애로 기억력이 감퇴했다면 계속 방치됐을 때 뇌경색이나 뇌졸중 등으로 발전할 수 있어 주의해야 한다. 특히 중년 이후라면 이러한 증상이 혈관성치매로 진행되기도 한다. 뒷목이 뻐근하거나 어깨가 자주 결린다면 뇌로 전달되는 혈액순환이 원활하지 않을 수 있다.

혈액순환이 되지 않는 이유

혈액이 몸을 순환하는 데 방해받는 원인은 다양하다. 혈관이 좁아지거나 콜레스테롤 따위로 막히거나, 적혈구와 백혈구 때문에 혈액의 점도가 높아지거나 혹은 혈압이 너무 높거나 낮은 등 다양한 원인이 혈액순환 장애를 유발한다.

혈관이 좁아지거나 막히는 것은 특히, 나쁜 콜레스테롤이 혈액 속에 쌓이기 때문이다. 또한 고혈압일 경우에는 혈관이 받아들일 수 있는 혈액량이 많아져 순환에 무리를 주고, 반대로 저혈압일 경우에는 혈관 내 혈액량이 적어져 순환에 문제를 준다.

뇌심혈관계 질환이란?

뇌혈관이나 심장혈관에 이상이 있는 질환으로 '순환기계질환'이라고도 말한다.

뇌혈관질환으로는 뇌출혈, 뇌경색 등이 있다. 심혈관질환은 크게 3가지로 나눌 수 있는데, 혈관이 막혀서 생기는 질환과 심장 박동에 문제가 생긴 상태, 그리고 심장 구조 자체 이상인 경우다.

그중에서도 관상동맥질환은 콜레스테롤을 포함한 이물질 때문에 관상동맥이 좁아지거나 막히게 되어 혈액이 심장 근육에 제대로 도달하지 못해 발생하는 병이다. 대표적인 질환이 협심증과 심근경색증이다.

협심증은 관상동맥 내부 지름이 좁아진 탓에 심장 근육까지 혈액이 공급되지 못하는 경우이고, 심근경색증은 관상동맥에 혈전이 자리 잡아 혈액이 공급되는 경로가 막혀 심장근육이 괴사하는 질환이다.

또한 부정맥은 심장박동이 불규칙해진 상태를 뜻하는 것으로, 질환의 종류가 다양하다. 빠르게 뛰는 빈맥, 느리게 뛰는 서맥, 심방세동, 심실세동, 조기수축 등이 그렇다. 조기수축은 부정맥 중 가장 흔하며, 정상 맥박에서 엇박자 맥박이 생긴 상태. 심방세동은 부정맥 중에서 가장 위험한 상태로, 심방 안에서 전기신호가 분당 600회 정도의 빠르기로 발생한다. 심방세동은 뇌졸중 위험을 5배, 치매 위험을 2배로 높인다.

그 외 심장질환에는 심장에서 혈액이 일정한 방향으로 흐르도록 하는 판막에 문제가 생겨서 발생하는 심장판막질환, 심장에 이상이 생겨 신체에 필요한 혈액을 제대로 공급하지 못하는 심부전, 그리고 우리가 익히 잘 알고 있는 고혈압 등이 있다.

서로 영향을 주고 받는 뇌와 심장

뇌가 심장에게

식물인간은 심장은 뛰지만 뇌가 제 기능을 하지 못하는 상태이다. 의식이 없고 전신이 경직된 채로 영양분을 분해하고 배출하는 대사기능만을 하는 인간을 뜻한다. 이처럼 뇌와 심장은 서로 관련이 없어 보이지만 둘 중

어느 것 하나라도 문제가 있다면 인간은 인간답게 살지 못하게 된다.

이는 대뇌피질이 손상을 입으면 대부분의 기능을 하지 못하기 때문이다. 대뇌피질에는 백 수십억 개의 신경세포가 모여 있는데, 이 신경세포들은 운동, 감각, 의식 등의 작용을 담당한다. 이 대뇌피질이 다치면 신체적인 활동은 물론 의식이 정지되고, 호흡기능, 소화기능, 심장박동 기능밖에 하지 못 한다.

2020년 한국인 사망원인 1위는 암으로 기록됐다. 이어 2위는 심혈관질환, 3위는 뇌혈관질환이었다. 2, 3위 질환에 '혈관'이라는 말이 공통적으로 들어가 있는데, 이는 곧 심장과 뇌 사이의 작용이 신체의 건강 모두와 관련이 있다는 점을 뜻한다.

예를 들면 외로움, 불안, 스트레스, 우울증 등 정신 또는 정서가 원인이 되어 심장질환이 발발하거나 악화하기도 한다. 특히 스트레스 호르몬이 분비되면 우리의 혈관을 수축시키는 반면에 심장박동수는 증가시켜서 심장이 일정한 흐름으로 뛰지 못하게 만든다. 또한 우울증이나 불안, 외로움 같은 감정은 우리의 몸과 마음을 무기력하게 하며 정도에 따라 약을 복용해야 할 수도 있다.

심장이 뇌에게

반대의 경우도 있다. 심장의 기능이 떨어지면서 사고 기능에 장애를 일으키는 경우다. 실제로 미국 메이요 병원연구팀은 70세에서 89세 사이 고령층 2,719명을 상대로 관찰에 들어갔는데, 인지기능에 전혀 이상이 없었던 1,450명 중 669명이 심장질환을 앓게 되었다. 이들 가운데 59명(전체의 8.8%)에서 가벼운 인시기능 손상이 나타났다. 이는 심장질환을 겪지 않은 781명 중에서는 34명(전체의 4.4%)만 인지기능 손상이 나타난 것에 비해 77%나 더 높게 나타난 것이다.

이처럼 정신 건강과 심장은 서로 영향을 주고받는다. 최근 연구에 따르면 고혈압, 콜레스테롤로 막힌 동맥과 염증 및 기타 심장질환들은 알츠하이머병과 혈관성치매에도 영향을 끼친다고 한다.

세브란스 심혈관병원 연구팀은 고혈압이나 당뇨병 등 심혈관질환 위험인자를 가지고 있는 645명을 대상으로 심장 관상동맥과 경동맥 상태를 관찰 및 분석했다. 그리고 그 결과 심장 관상동맥에 이상이 없을 때 경동맥 동맥경화증이 있는 경우는 71.7%. 관상동맥질환이 있는 경우에 경동맥 동맥경화증도 동반할 경우는 89%로 관찰됐다. 즉 심혈관 쪽에 문제가 있는 사람은 뇌혈관 쪽에도 문제가 생길 가능성이 높다는 것이다.

또한 세브란스병원 신경과 허지회 교수팀은 급성 뇌경색으로 입원한 환자의 심장 CT 검사를 관찰하여 그 가운데 심장의 관상동맥이 절반 언저리가 막힌 사람이 70%에 달한다는 것을 발견했다. 뇌경색이 나타난 사람 10명 중 7명은 심장혈관에도 이상이 있다는 뜻이다.

이러한 현상은 심장 기능에 이상이 생기면 두뇌로 피를 공급하는 데 어려움이 생기면서 사고 기능에 문제가 생기기 때문이다. 이처럼 심장 기능이 저하되면 사고력이나 문제해결 능력, 언어 기능 등 사고 기능 저하에 영향을 주는 것을 알 수 있다.

뇌와 심장에 질환을 일으키는 요인은 무엇일까?

매년 9월 29일은 '세계 심장의 날(World Heart Day)'이다. 세계심장연합(World Heart Federation)에서 제정한 날로, 2020년 기준 심혈관질환은 전 세계 사망원인 1위를 기록했다.

심혈관질환을 예방하는 것이 가장 좋은 방법이지만, 초기증상을 알아채는 것도 빠른 치료를 받는 데 중요하다. 만약 일상생활을 하는 도중에 갑작스러운 가슴 통증이 30분 이상 지속되거나 호흡곤란, 식은땀, 구토, 현기증 등이 나타날 때는 심근경색을 의심해야 한다. 또한 뇌졸중의 초기증상은 한쪽 마비, 언어 및 시각장애, 어지럼증, 심한 두통 등이므로 증상이 발생하면 한시라도 빨리 병원에 방문해야 한다.

아래에서 심혈관질환 위험도를 자가 테스트하면서 얼마나 해당되는지 살펴보자.

- 남성의 경우 56세, 여성의 경우 66세 이상이다.
- 비교적 이른 나이(남성 55세 이하, 여성 65세 이하)에 심혈관질환(협심증, 심근 경색)이 발생한 가족이 있다.
- 현재 흡연을 하고 있다.
- 하루 30분 이상 운동(걷기 포함)을 하지 않는다.
- 현재 몸에 지방이 과다하게 축적된 비만(체질량지수(BMI) 30 이상) 상태이다.
- 총콜레스테롤(240mg/dl 이상) 또는 저밀도지단백(LDL) 콜레스테롤(160mg/dl 이상) 수치가 높거나, 고밀도지단백(HDL) 콜레스테롤(40mg/dl 이하) 수치가 낮다.

- 고혈압 또는 당뇨병을 앓고 있다.

_ (JNC 7 Report, 2003.)

애초 뇌심혈관질환의 원인을 없앨 수는 없을까? 하지만 태어난 이상 바꿀 수 없는 요인이 있다. 바로 유전적인 요인이다. 연령이 높을수록, 여성일 경우, 가족력이 있을 경우, A형이라면 그리고 만약 다혈질 성격이라면 질환이 일어날 확률이 높다.

하지만 다행히 후천적인 요인이 더 다양하다. 그만큼 우리가 바꿀 수 있는 여지가 많다는 뜻인데, 바로 고혈압과 고혈당 및 고콜레스테롤, 당뇨, 비만이 그렇다. 생활습관으로는 흡연, 운동 부족, 휴식 부족, 음주가 해당된다.

뇌혈관질환 예방법

뇌와 심장질환을 예방할 수 있는 방법은 무엇일까?

가장 좋은 방법은 신체와 두뇌를 자주 쓰는 것이다. 또한 혈압, 콜레스테롤, 혈당을 건강하게 유지하며 식물성 기름을 섭취하고 포화지방산, 가공된 탄수화물 및 붉은 육류의 섭취를 줄이는 것이다.

신체를 쓰는 활동은 당연히 운동이다. 규칙적으로 1주일에 3회 이상, 한 번 운동할 때 30분 이상 움직이되 힘들 때는 조금씩 나누어 하고, 최소 6개월 이상 꾸준히 하는 것이 중요하다. 이때 땀이 나고 숨이 찰 정도가 되어야 비로소 '운동을 했다.' 라고 말할 수 있다. 유산소에 치중하지 말고 근력 강화 운동을 함께 실시하는 게 바람직하다.

다만 고혈압이라면 운동할 시에 주의해야 할 사항이 있다.

우선 혈압이 200~115mmHg 이상일 경우에는 과도한 운동을 자제해야 한다. 또한 운동을 마친 후에 스트레칭 같은 정리 운동을 하는 것이 바람직하고, 무거운 물건을 드는 운동이나 갑자기 힘을 주는 운동은 혈압을 급증시켜 위험하므로 피하는 것이 좋다.

만약 비만 환자라면 관절조직 손상도 주의해야 한다. 갑작스럽게 무리한 운동을 하거나 음식을 끊지 말고, 식사조절과 습관 변화가 병행되어야 한다.

뇌심혈관질환을 예방하려면 올바른 식습관을 유지하는 게 좋다. 구체적인 방법으로는 채소, 과일, 해조류를 포함한 여러 가지 식품을 골고루 먹고, 우유나 우유 가공식품을 많이 먹는 게 도움이 된다. 또 백미보다는 현미를, 쌀밥보다는 잡곡밥이 좋으며 과식, 결식, 폭식 등 불규칙한 식습관은 좋지 않다. 또한 지방이 많은 음식은 줄이되 등푸른 생선을 자주 섭취하고 당이 많이 첨가된 음료는 피하는 게 좋다. 특히 마늘은 심장 건강에 좋다고 가장 널리 알려진 음식 중 하나이다. 대표적인 기능으로 혈중 지방을 낮추는 데 효과적이며, 실제로 관상동맥질환 증상을 개선하고, 동맥의 탄력성을 향상시켜 주는 데 효과적이다.

또한 마늘은 혈관을 확장시켜 혈액순환이 잘되도록 도와주는 효능이 있다. 이에 혈압과 혈중 콜레스테롤 수치 및 농도를 낮춰주면서 혈관 내 혈액이 응고되는 것 또한 방지해 준다.

마늘의 또 다른 효능으로는 항암 효과가 있다. 마늘은 유황화합물을 함유하고 있어서 하루에 마늘 반쪽을 꾸준히 섭취하면 위암 발생률은 절반 이상, 대장암 발생률은 30% 이상 줄일 수 있다. 실제로 동물 실험을 한 결과, 마늘을 꾸준히 섭취할 경우 간암, 위암, 폐암, 전립선암 등에도 억제 효과를 보이는 것으로 나타났다. 특히 마늘의 항암 성분은 수입산보다 국내산에 56배 더 많이 들어 있는 것으로 알려져 있다.

녹차

이화여자대 식품영양학과에서는 녹차에 관련한 실험을 한 바가 있다. 연구팀은 남성이 매일 녹차 3컵 이상을 섭취할 경우 그렇지 않은 남성에 비해 뇌졸중 발병률이 38% 감소하고, 매일 1컵 이상 섭취해도 발병률을 25% 감소할 수 있다고 밝혔다.

녹차는 나쁜 콜레스테롤을 낮추고 좋은 콜레스테롤을 높여 주는 역할을 하며 강력한 항산화작용으로 혈소판 응집 작용을 낮추고 심장의 건강증진을 높여 주는 만큼, 하루 5잔 이하로 적당량을 마시면 좋다.

그러나 찬 성질에 속하는 식품이므로 몸이 찬 사람은 적당한 섭취를 해야 하며, 녹차에는 탄닌 성분이 체내 철분 흡수를 낮추므로 철분으로 인한 빈혈이 있는 사람은 섭취에 주의해야 한다. 또한 당뇨가 있을 경우 과하면 설사를 유발할 수 있고 역류성 식도염, 과민성 대장증후군, 녹내장이 있는 사람은 소량만 마시기를 권장한다.

긍정적 감정, 유대감, 운동이나 명상과 같이 스트레스를 완화하는 활동이나 분노 관리 등은 심장과 뇌의 건강에 좋다. 정신건강이 몸 건강보다 더 중요한 건강임을 인식하고 취미생활을 만들어 스트레스를 멀리해야 한다. 이러한 정신적 활동은 혈액순환을 증가해 뇌졸중 예방은 물론 노후의 기억력 유지에도 도움이 된다.

고혈압이란?

통상적으로 혈압은 동맥혈압을 말한다. (동맥)혈압이란 혈액이 혈관에 가하는 압력을 숫자로 나타낸 것이며, 혈압이 일정 수준을 기준으로 높거나 낮을 때 고혈압, 저혈압으로 명명한다.

고혈압의 기준은 혈관이 수축할 때 가해지는 압력인 수축기와 반대로 혈관이 이완할 때 혈관에 가해지는 압력인 이완기로 나누어 측정한다. 수축기 혈압의 정상 수치는 120mmHg 미만이며 140mmHg 이상인 경우, 고혈압으로 본다. 이완기 혈압의 정상수치는 80mmHg 미만이며, 90mmHg 이상인 경우를 고혈압으로 간주한다.

고혈압은 혈압을 상승시키는 원인에 따라 일차성과 이차성으로 나누며, 일차성에 대해 뚜렷한 원인은 현대 의학으로 밝히지 못한 상태다.

고혈압은 여러 합병증을 일으키는데, 뇌졸중, 뇌경색, 동맥경화증 등 예후가 무서운 병들이다. 그러나 고혈압은 뚜렷한 초기 증상이 없어서 자가진단을 하기 어렵다. 이러한 이유로 전문가들은 고혈압을 '침묵의 살인자'라고 부르기도 한다.

고혈압이 불러오는 질병

뇌졸중

평소에 혈압만 높을 뿐 특별한 증상을 보이지 않다가 어느 날 갑자기 뇌혈관이 터지거나 막혀서 반신불수가 되는 사례가 종종 있다. 흔히 '중풍'이라고 부르는 뇌졸중 증상이다. 뇌졸중은 우리나라의 사망 원인 중에 상위를 차지하고 있으며, 신경계 장애의 가장 흔한 원인이다.

뇌혈관이 막히거나 터지면 말을 제대로 할 수 없게 되고 팔다리에 마비가 일어난다. 뇌혈관이 두꺼워져 혈관에 혈전이 쌓이거나 반대로 혈관이 얇아진 탓에 찢어지기에 이르러 출혈로 이어진 경우다. 뇌졸중은 또한 인지기능장애, 언어기능장애, 운동기능 상실, 균형감각 상실 등 우리의 신체 운동 전체에 영향을 미친다.

심부전증

심부전은 심장 구조에 이상이 생기거나 기능에 문제가 있는 병이다. 심장으로 들어오는 혈액을 제대로 받아들이지 못하거나 아니면 심장으로 들어온 혈액을 펌프질해서 내보내지 못해 몸이 붓거나 숨이 차게 된다. 심부전 환자 10명 중 3~4명은 진단 후 1년 내 사망하며, 최근 인구가 고령화되면서 지난 10년 사이에 심부전 환자가 2배로 증가했다.

혈압이 올라가면 심장은 전보다 일하기 힘들어진다. 초반에는 심장 근육이 두꺼워져서 오히려 펌프 기능을 강화하지만, 고혈압을 치료하지 않으면 심장 근육은 늘어지게 되어 기능 또한 감소한다. 충분히 내보내지 못한

피는 폐에 고이게 되어 숨이 차게 만든다. 특히 고혈압 환자는 심장 혈관인 관상동맥이 막히면 협심증, 심근경색이 나타날 수 있으며 또한 고혈압 환자는 심장에서 피를 보내는 대동맥 벽이 찢어져(대동맥 박리증) 가슴이나 등에 심한 통증을 느끼는 경우가 있다.

망막증

눈에는 미세한 혈관들이 분포되어 있다. 그런데 혈압이 높아지면 혈관이 상하거나 막혀 시력이 떨어지게 된다. 최근에는 고혈압성 망막증 환자가 급증했다. 60대 남자가 가장 많지만 흡연, 기름진 음식, 스트레스 같은 공통 요인을 가진 30~40대에서도 자주 발생한다.

눈 중풍은 동맥과 정맥에 따라 크게 두 가지로 나눌 수 있다. 동맥이 막히면 보였다 안 보였다 하는 증상이 반복되며, 24시간 이내 즉시 치료를 받으면 실명은 면할 수 있지만, 만약 시신경 안에 있는 중심 동맥이 막히면 그 자리에서 실명할 수도 있다.

망막질환은 증상을 알아챈 시점이 대개 병이 중증으로 진전된 후다. 망막 혈관에 출혈이 생기면 이때는 눈앞에 검은 점 또는 날파리 같은 것이 보이는(비문증) 증상이 나타날 뿐 시력이 저하되는 증상도 없다. 그래서 시력이 떨어지거나 뿌옇게 보이는 증상이 나타날 때는 이미 중증으로 진행된 상태다.

고혈압은 황반변성을 유발하기도 한다. 황반이란 망막 중심부에서 시력의 90%를 담당하는 부위로, 이곳에 변성이 일어나면 시력장애를 입게 된다. 황반변성이 오면 사물을 뚜렷하게 볼 수 없고, 직선이 구부러져 보이거나 물체가 찌그러져 보인다. 조금 더 증상이 진행되면 시야의 어느 한 곳이 보이지 않거나 중심 시야가 까맣게 변한다. 황반변성이 한쪽 눈에 발현되면 절반의 확률로 반대쪽 눈에도 황반변성이 생길 수 있다.

말초혈관질환

말초혈관질환이란 동맥경화증이나 혈전으로 인해 하지에 피가 제대로 순환하지 못하는 질환이다. 간헐적 파행은 특히, 다리 혈관이 좁아지거나 막혀 걸음을 걷다가 통증으로 멈추어야 하는 증상이다. 예를 들어 평상시에는 증세가 없다가 오르막길이나 계단을 올라갈 때 근육통이 동반하여 잠시 쉬면 증세가 가라앉고, 다시 움직이면 증세가 나타난다.

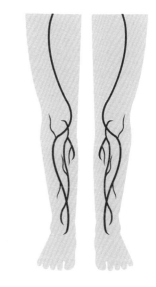

말초동맥질환은 고혈압이나 심장혈관질환이 있는 환자일수록 위험도가 높다.

한국인 말초동맥질환 유병률은 4.6%이며, 나이가 많을수록 그리고 고혈압이나 심장혈관질환이 있는 환자일수록 위험도가 높다.

고혈압 치료

고혈압이 유발하는 질병이 다양하고 가짓수가 많지만 반대로 고혈압을 치료하고 예방하면 사전에 심뇌혈관질환에 노출되는 확률을 낮출 수 있다.

고혈압을 치료하는 방법은 약물치료 또는 비약물 치료로 나뉜다.

약물치료의 경우 안지오텐신 전환효소(ACE) 억제제 / 안지오텐신 차단제는 특히, 혈압을 낮추는 데 효과적이며 협심증이 있을 경우 칼슘채널 차단제 같은 혈관 확장 물질을 주로 쓴다. 비약물 치료의 경우 당연히 식습관을 포함한 생활요법을 함께 실시한다. 생활습관의 효과는 대개 미미할 것이라고 여겨지지만, 꾸준히 지속하면 고혈압 약 하나를 먹는 만큼 효과가 있어 생활습관을 올바르게 바꾼다면 평소 복용하는 고혈압 약물을 줄일 수도 있다.

고혈압을 치료, 예방하는 생활습관은 다음과 같다.

무엇보다 저염식이 중요하다. 소금 권장섭취량은 1티스푼 정도로, 짠 식품을 자제하고 싱겁게 먹는 습관을 들여야 한다. 칼륨이 많은 바나나, 토마토, 당근, 고구마 등을 자주 먹으면 특히, 나트륨이 원활히 배출되도록 한다.

또한 유산소운동과 함께 간단한 근력운동을 병행하는 것이 좋다. 기마자세 유지하기나 생수통을 이용한 가벼운 근력운동을 하되, 유산소운동을 할 때는 최대 심박수의 60~80% 정도가 바람직하다.

음주도 조심해야 한다. 하루 1잔 정도로 술이 마시는 것은 심혈관질환을 예방한다는 연구 결과가 있긴 하지만, 고혈압 환자에게 술은 '독주'가 될 수 있다. 하루 3잔 이상을 꾸준히 마시면 결국 혈압이 상승하고, 심근경색증이나 뇌졸중은 물론 심부전, 부정맥 등을 일으킬 수 있다.

또한 자신의 상태에 늘 주의를 살피는 것이 중요하다. 코골이는 많은 사람이 가지고 있는 습관이지만 고혈압 환자가 코를 곤다면 좀 더 신경을 기울여야 한다. 코골이 중 30%는 수면무호흡증을 일으켜 피로는 물론 두통을 유발하고 집중력이 떨어질 수 있다. 이러한 증상이 심해지면 만성 산소 부족으로 고혈압을 더욱 악화시켜 심혈관질환을 일으킬 수 있다.

무엇보다 가장 중요한 것은 자가진단과 정기검진을 하는 것이다. 혈압은 하루에도 몇 번씩 바뀐다. 흡연, 불안, 운동, 자세, 식사, 온도 등에 영향을 받는다. 따라서 혈압을 측정할 때는 반드시 지침을 따라야 한다. 3분 이상 안정을 취한 뒤 측정하고 최소 30분 전에는 흡연, 커피, 식사, 운동을 금한다. 바른 자세로 의자에 앉은 뒤 팔을 책상 위에 놓고 심장 높이에서 측정한다.

또 아침과 저녁에 한 번 이상 같은 시간에 측정하는 것이 좋고, 아침에는 기상 뒤 1시간 이내, 소변을 본 뒤 고혈압 약을 먹기 전 아침식사 전이 좋다. 혈압을 잰 뒤에는 잰 시각과 심장이 1분 동안 뛴 횟수인 심박수도 함께 기록한다.

나토키나제가 혈압을 내린다

흔히 '피떡'이라고 부르는 혈전은 응고된 혈액 덩어리다. 피를 멈추는 데 꼭 필요한 물질이지만, 너무 기름진 음식을 먹거나 바르지 못한 자세로 오래 유지하는 등 여러 요인으로 인해 지나치게 많이 생산되면 오히려 우리 혈관을 막아서 각종 심혈관질환을 일으킬 수 있다.

만약 혈관벽에 콜레스테롤이 축적되어 염증이 생기면 덩어리가 되고, 혈관이 좁아져 혈압이 올라간다. 이 콜레스테롤 덩어리가 떨어져 나가면 혈전이 되는데, 혈전이 우리 몸에서 심장으로 가는 혈관에 자리 잡게 되면 심근경색, 뇌혈관을 막으면 뇌졸중이 된다. 따라서 평소에 혈전이 생기지 않도록 혈전 분해를 촉진하는 식습관을 들이는 게 좋다.

그중에서도 나토키나제는 혈전을 제거하는 데 효과적인 것으로 알려져 있다. 나토키나제란 낫토에서 추출한 효소다. 대표적인 장수 국가인 일본에서는 특히, 낫토에 나토키나제가 많이 함유되어 있어 400여 년 전부터 낫토를 일반 가정에서도 수시로 섭취해왔고, 미국의 건강 전문지 「헬스」는 낫토를 세계 5대 건강식품으로 꼽았다.

낫토와 유사한 청국장에도 많은 나토키나제는 혈전을 녹이는 효소 '플라스민'과 '프로우로키나아제'를 활성화 한다. 또한 혈전을 녹이는 작용을 방해하는 PAI-1을 줄여 심혈관질환을 막기 때문에 혈전 예방을 위한 하나의 방안이 될 수 있다.

나토키나제는 우리 몸 안에서 혈전을 분해하는 기능이 있는 유로키나제와 우로키나아제 그리고 마찬가지로 혈전을 분해하는 효소인 플라스민의 생성을 촉진한다. 이러한 작용을 반복하면서 혈전을 분해하고 혈류의 흐름을 원활하게 만드는 나토키나제는 '나토키나제의 효능'이라는 제목으로 국제혈전용해학회와 고혈압학회 등에서 발표된 적이 있다.

나토키나제는 이뿐만 아니라 지방간을 예방하고 숙취를 해소하는 데 도움을 주고, 혈관 내에 쓰레기가 축적되지 않도록 나쁜 콜레스테롤의 수치를 낮추어 준다. 이는 곧 심뇌혈관질환을 예방하는 원리와 같다. 그리고 나토키나제에 함유된 비타민 K_2 성분이 혈액에 있는 칼슘의 양을 적정선으로 조절하여 혈액순환을 돕는다. 비타민 K_2와 함께 풍부하게 함유된 식이섬유와 유산균은 다이어트와 피부미용에도 도움을 주므로 고혈압 때문이 아니더라도 나토키나제를 꾸준히 섭취하는 것이 건강에 좋다.

나토키나제의 또 다른 효능으로 떠오른 것은 알츠하이머 예방이다. 일본 고혈압학회지에 따르면, 나토키나제 효소가 당뇨병을 호전시키고 인지기능 장애를 완화한다. 다만 나토키나제를 섭취할 때는 몇 가지 주의해야 할 점이 있다.

혈전을 없애는 용도로 나토키나아제를 먹을 때는 혈액을 응고시키는 비타민 K가 제거된 것으로 먹어야 한다. 또한 주로 저녁 식사를 마친 직후나 잠자리에 들기 직전에 먹어야 효과가 극대화된다. 혈전은 주로 늦은 시간대에 만들어지기 때문인데, 저녁 식사를 끝낸 직후에 먹는다면 종합 비타민제에는 비타민 K_2가 포함됐을지도 모르므로 함께 복용하지 않는 게 좋다.

그러나 혈우병 환자는 절대 복용해서는 안 되며, 나토키나제는 혈액 희석을 유발할 수 있으므로 아스피린 같은 혈액 희석제와 함께 먹어서도 안 된다.

비타민은 뇌에 먹여라

뇌에 들어간 비타민은 순환한다

비타민은 피로회복에 좋다고 알려져 있지만, 눈의 기능에도 도움이 된다. 그렇다고 해서 '눈에 좋은 비타민'을 따로 챙겨 먹을 필요는 없다. 비타민을 섭취한다면 비타민은 뇌부터 시작해 돌고 돌아 눈까지 좋은 영향을 주기 때문이다. 우리 몸에서 비타민 C를 가장 필요로 하는 곳은 두뇌다.

오레곤 보건과학대학(Oregon Health &Science University)의 과학자들에 따르면, 눈이 제대로 기능하려면 비타민 C가 필요하다. 특히 헨리케 폰 게르도르프 박사는 눈의 안팎에서 고함량의 비타민 C를 공급해야 망막의 세포가 제대로 기능한다고 말한다. 망막은 중추신경계의 일부이기 때문에 비타민 C는 우리의 뇌 전체에도 중요한 역할을 할 수 있다는 것이다.

박사는 인간의 망막과 생물학적 구조가 같은 금붕어의 망막 세포로부터 비타민 C를 제거해보

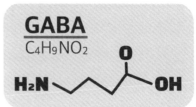

았다. 그리고 그 결과, 망막세포의 가바(GABA) 수용체 기능이 정지되면서 망막기능도 마비되었다고 밝혔다. 박사는 비타민 C가 충분해야만 망막의 기능을 유지할 수 있다고 말했다.

GABA 수용체는 우리 뇌에 있는 것으로 우리말로는 감마 아미노부티르산이라고 하는데, 이 수용체는 물에 잘 녹는 특성이 있고 뇌세포 내에서 빠르게 소통을 하도록 돕는다. 중추신경계 전체 신경전달물질의 약 30%를 차지하고 다른 물질에 비해 최소 200배 정도 고농도이다. GABA의 역할이 그만큼 중요하다는 점을 보여준다.

GABA는 우리 몸의 뇌하수체 전엽에서 나오는 인체 성장호르몬을 증가시키는 데 영향을 주지만, 그것보다 중요한 기능이 있다.

바로 GABA가 우리 몸에 꼭 필요한 제동을 걸어 준다는 것이다. GABA는 우리가 웬만한 자극에는 신경이 반응하지 않도록 만드는 것인데, 얼핏 들으면 단순히 사람을 둔감하게 만드는 것 같지만 GABA가 기능하지 않으면 신경세포가 과도하게 반응하고, 정신적으로는 우울증을 야기할 수 있다.

뇌에 비타민이 부족하면 알츠하이머에 노출된다

비타민 C는 천연 항산화제다. 그러므로 비타민 C 자체만으로 뇌내 수용체와 세포를 '보존'할 수 있다. 만약 인체에 비타민 C가 부족한 상황이 오면 비타민은 신체의 다른 부위보다 뇌에 가장 오래 머무를 정도로 뇌는 비타민을 필요로 한다.

만약 뇌에 비타민이 부족해진다면 괴혈병이 일어날 수도 있다. 괴혈병의 흔한 증상 중 하나가 우울증인데, 마찬가지로 GABA 수용체들이 제대로 기능하지 못해 뇌, 신경세포에 장애를 초래한 경우다.

비타민 C 연구 대가로 알려진 미국의 피오나 해리슨Fiona Harrison 교수는 비타민 C가 부족하면 알츠하이머 발병률에 영향을 줄 수 있다고 말한 바가 있으며, "체내 비타민 C 수치는 신경근육 및 기억력 결손과 직결되며 비타민 C 섭취는 인지능력, 그리고 노화를 진행시키는 산화 스트레스에 효과가 있는 것으로 보인다"고 강조했다.

또한 미국 존스홉킨스 의대 에드거 밀러Edgar Miller 교수는 '비타민 C 보충이 혈압에 미치는 영향(Vitamin C Supplements effects on Blood Pressure)'이라는 주제로 비타민 C가 혈압을 낮추는 효과가 있다고 발표하였다.

교수는 실험을 통해 비타민 C를 매일 60~4000mg 정도 복용한 1,407명을 조사한 결과 비타민 C 섭취가 단기적으로 혈압과 산화 스트레스를 감소하고, 혈관을 확장시켰다고 밝혔다.

같은 원리로 알츠하이머 예방을 위해서도 비타민 C를 섭취해야 한다. 실제로 알츠하이머 환자에서 비타민 C의 혈장 수치가 건강한 사람보다 낮다는 결과가 있다.

독일 울름대학교 가브리엘레 나겔 박사는 비타민 C, 베타카로틴과 치매의 상관관계를 발견했다며, 알츠하이머 치매환자는 비타민 C 수치가 현저히 낮다고 발표한 바가 있다. 연구팀은 65세에서 90세까지 알츠하이머 치매를 앓고 있는 74명의 환자와 건강한 158명의 일반인을 대상으로 생활습관을 조사했고 그 결과 알츠하이머 치매환자는 일반인보다 비타민 C와 베타카로틴의 혈중수치가 현저히 낮게 나타났다.

비타민 C의 기능 중 하나는 모세혈관을 강화하는 것이다.

모세혈관은 동맥과 정맥을 연결하는데, 모세혈관이 튼튼하면 동맥과 정맥의 흐름이 강해져 산소, 영양공급과 노폐물의 처리도 더 잘 이루어진다.

햇빛 비타민 D는 정신분열증을 조절한다

흔히 비타민 D는 건강한 뼈를 유지한다고 알려져 있다. 하지만 비타민 D의 기능은 이뿐만이 아니다. 내분비기능뿐만 아니라 면역 및 심혈관 시스템에도 도움이 된다. 실제로 비타민 D가 부족하면 면역계가 무너질 수 있다.

최근 연구들은 비타민 D의 일방적인 기능이 아닌, 뇌와 주고받는 영향에 초점을 맞춘다. 최근에 발표된 한 연구에서는 비타민 D가 부족하면 정신분열증의 위험이 높아질 수 있다는 개념을 강조했다. 또 다른 연구에서는 비타민 D가 결핍되면 뇌 손상이 일어나고 인지기능이 떨어지는 현상을 보였다.

퀸즐랜드대학교 뇌 연구소의 부교수인 토마스 번은 비타민 D 부족과 기억력 감퇴의 상관관계를 밝혔다. 이 실험에서 연구진은 다 자란 생쥐에게 20주 동안 비타민 D를 공급하지 않았다. 그 결과, 비타민 D가 부족한 생쥐는 대조군의 생쥐에 비해 새로운 것을 배우고 기억할 수 없었다.

이는 기억을 만들어내는 뇌의 핵심 영역인 해마의 신경원 주위 연결망이 감소했기 때문인 것으로 나타났다. 신경원 주위 연결망(PNN)은 특정 신경세포 주변을 지탱하며 신경세포를 서로 연결하고 신호전달을 안정화하는 역할을 한다. 그런데 비타민 D가 부족해지자 이 연결 강도가 크게 감소했다. 그리고 궁극적으로 기억력이 감퇴하게 된 것이다.

국내에서도 비슷한 결과가 있다. 분당 서울대학교병원 내분비내과 교수팀과 정신건강의학과 교수 연구팀은 경기도 성남시에 거주하는 65세 이상의 노인 412명을 5년에 걸쳐 추적 관찰했고, 그 결과 혈중 비타민 D의 농도가 낮을수록 치매가 발생할 가능성이 커졌다는 것을 발견했다.

또한 비타민 D 결핍은 조현병 위험을 높일 수 있다. 해마에서 일어난 기능의 손상이 기억상실 및 인지 왜곡과 같은 일부 조현병 증상의 원인이 될 수 있는 것이다. 마찬가지로 비타민 D 결핍이 알츠하이머의 위험인자이므로, 비타민 D는 알츠하이머와도 깊은 연관이 있다. 실제로 치매는 비타민 D 수치와 상관관계가 있으며, 수치가 낮아질수록 노인의 인지기능이 악화된다.

뇌 노화를 늦추는 비타민 B12(코발라민)

사람의 뇌는 노화가 빠르다. 기능에 대한 노화뿐만이 아니라 겉으로 외관도 늙어간다. 실제로 뇌의 부피와 무게는 40세부터 점차 줄어들어 10년마다 5%씩 감소한다.

뇌의 노화를 늦추려면 '비타민 B12' 섭취해야 한다. 비타민 B12는 신경세포를 만들면서 보호하고, 세로토닌이나 도파민 같은 신경전달물질을 분비하여 두뇌가 원활하게 기능하도록 돕는다.

그렇다면 비타민 B12는 어디서 섭취할 수 있을까?

비타민 B12는 채소, 과일에는 거의 없고 그 대신 동물성 식품에 주로 함유돼 있다. 우유를 포함한 유제품과 생선류, 계란 등이 대표적인 비타민 B12 음식이다. 하지만 음식을 통해 비타민 B12를 섭취하는 것보다는 영양제로 섭취하되 음식으로 보완하는 게 더 효과적이다. 식품만으로 비타민 B12를 권장량만큼 먹으려면 그 양이 어마어마하기 때문이다.

비타민 B12를 영양제로 섭취할 때는 비타민 B12 단일 제제도 좋다. 우리나라 노인의 B12 결핍률은 40%에 이르며, B12가 부족하면 적혈구 수가 줄어들어 영양흡수율이 감소하고 피로감이 커진다.

아울러 영양제의 원료도 중요하다. 비타민 B 영양제의 원료는 합성 혹은 천연으로 나뉜다. 당연한 이야기지만, 화학적인 방법을 거친 것보다는 건조효모 등의 자연물에서 추출한 비타민이 품질 면에서 더 우수하다.

천연 비타민은 우리 몸이 수월하게 받아들일 수 있고 체내 안전성도 높으며 체내 물질대사에 관여하는 효소, 조효소, 산소, 미량 원소까지 고스란히 갖고 있어 생체이용률도 우수하다.

뇌신경조직에 풍부한 B1(티아민)

비타민 B1은 뇌와 신경 조직에서 풍부하게 발견되는 많은 비타민 B 중 하나이다. 「Journal of International Medical Research」의 기사에 따르면 신경 자극의 전도에 역할을 한다. 비타민 B1이 심하게 결핍되면 코르사코프 증후군을 유발할 수 있으며, 이는 알코올 중독자와 AIDS와 같은 질병으로 고통받는 사람들에게서 가장 흔히 볼 수 있는 만성 기억장애이다.

비타민 B₁은 면역체계를 강화하고 스트레스가 많은 상태를 견디는 신체 능력을 향상시킬 수 있기 때문에 때때로 '항스트레스' 비타민이라고 불린다.

낮은 수준의 비타민 B₁은 우울증과 관련이 있다. 중국 노인을 대상으로 한 연구에서 비타민 B₁ 수치가 낮을수록 우울증 위험이 더 높은 것으로 나타났다.

비타민 B₁이 많은 식품

- 돼지고기
- 소고기
- 통곡물
- 콩류
- 견과류

신경세포 전달자, 칼슘

치아와 뼈를 위한 칼슘의 중요성은 배우지만 건강한 뇌 기능에 필수적인 이유는 가르치지 않았다.

미네랄에 관한 한 칼슘은 건강한 뇌 기능을 위한 최고의 필수 미네랄이다. 신경세포 전달자로서 중추적인 역할을 한다. 또한 신경전달을 조절하고 신경흥분을 조절한다. 신체의 뼈에 이 미네랄이 많이 저장되어 있기 때문에 이 필수 미네랄의 수치가 낮은 경우는 일반적으로 드물다. 그러나 일부 약물은 이 미네랄 수치를 고갈시켜 다양한 건강 문제를 일으킬 수 있다.

건강한 뇌세포는 다양한 단백질로 구성된 정교한 펌프 시스템 덕분에 세포 내부의 칼슘 양이 너무 많은 것은 아닌지 감지할 수 있다. 이 펌프 시스템은 칼슘을 세포 내부에서 외부로 이동시킨다. 이 펌프 시스템이 실패하면 칼슘이 축적되어 결국 세포가 죽는다.

칼슘은 노화 과정의 조절자다. 오래된 세포 건강의 핵심은 이러한 칼슘 펌프를 효과적으로 작동시키는 단백질이다. 따라서 이러한 단백질을 복원하면 뇌 건강이 좋아지고 수명이 길어질 것이다.

항산화제인 베리 추출물, 포도씨, 녹차는 뇌세포 내의 펌프에 에너지를 공급하는 데 도움이 된다

신경계의 흥분 방지, 마그네슘

렉싱턴에 있는 캔터키대학교(UK)의 신경과 학과장인 신경학자 래리 골드스타인Larry B. Goldstein은 "마그네슘은 정상적인 뇌 기능에 필수적이다. 마그네슘은 또한 편두통을 완화하고 혈압을 낮추는 데 도움이 될 수 있다 ."라고 말한다.

많은 비타민 B를 활성 형태로 전환하는 데 중요하다. 다시 말해, 마그네슘과 다른 미네랄의 상호작용이 두뇌를 작동하게 하기 때문에 비타민 보충제를 단독으로 복용하는 것은 마그네슘과 다른 미네랄 없이는 무용지물이 될 것이다.

한 연구에 따르면 나이든 쥐에게 마그네슘 보충제를 투여하면 작업 능력과 장기기억력이 향상되는 것으로 나타났다. 또한 마그네슘과 칼슘은 신경계의 흥분을 방지하기 위해 체내에 이상적인 양이어야 한다. 둘 중 하나가

부족하면 신경학적 문제가 발생할 수 있다.

도움이 되는 식품

- 검은콩
- 시금치, 케일, 아보카도
- 아몬드, 땅콩
- 통밀

신경조절제, 아연

아연은 중요한 생물학적 역할을 하는 뇌 중추신경계의 촉매작용과 조절 작용을 한다. 그것은 항산화 기능과 면역 체계의 적절한 기능에 기여한다. 아연의 이러한 특성을 고려할 때, 아연은 신경생리학에서 세포 성장과 세포 증식을 유도한다. 그러나 과도하게 축적된 아연은 뉴런에 신경독성 손상을 일으킨다. 또한 아연 결핍은 신경세포 사멸, 기억 감소와 같은 인지저하 장애를 유발한다.

아연은 전뇌에서만 발견되는 소위 아연 함유 뉴런에서 다량으로 발견되었다. 과학자들은 아연이 뇌 건강을 유지하는 데 어떤 역할을 하는지 정확히 알지 못하지만 아연 결핍은 다양한 신경학적 및 심리적 손상과 관련이 있다. 예를 들어 아연 항상성의 변화는 파킨슨병과 알츠하이머 환자에서 발견되었다.

아연이 많이 함유된 식품

- 굴
- 호박씨
- 쇠고기
- 새우
- 검은콩
- 귀리

신경조직 형성에 중요한 조력자, 비타민 B₉(엽산)

알츠하이머 및 치매와 같은 질병은 미국을 포함한 세계적인 주요 사망원인 중 일부이기 때문에 연구자들은 이러한 질병의 예방하거나 대체 치료법을 찾기 시작했다. 비타민 B₉은 이러한 천연 치료제 중 하나이다.

일부 시험연구에서 비타민 B₉ 섭취는 기억력 향상, 인지기능의 변화, 정보처리 수준의 향상을 나타냈다.

비타민 B₉은 시금치, 미역 등 해조류 같은 다양한 식품에서 얻을 수 있다. 비타민 B₉은 또한 아미노산 합성과 신경조직 형성에 중요한 역할을 한다. 비타민 B₉의 대사는 B군의 다른 비타민 공급에 크게 의존한다. 비타민 B₉과 다른 비타민 B의 결핍은 어린이의 신경 문제와 관련이 있다. 또한 나이가 든 쥐에 대한 연구에서 8주 동안 비타민 B₉ 보충제로 기억력을 향상시키는 방법을 발견했다.

그러나 보충제 섭취는 자기에 맞는 적정 함량을 유지해야 한다. 장기간 대량 복용은 위경련, 설사 등이 나타날 수 있다.

비타민 B$_9$이 풍부한 식품

- 시금치, 브로콜리

- 해조류(미역, 김, 다시마, 파래)

- 검은콩, 완두콩

갑상선질환은 뇌 탓이다?

갑상선이란 무엇일까?

"아! 매일 왜 이리 피곤하지?"

갑상선질환의 일반적인 증상은 삶에 영향을 주고 좌절감을 줄 수 있다. 피로와 피곤함, 변화된 체중에 대한 고민, 온도 편차에 민감함 등과 같은 문제는 신체적으로 뿐만 아니라 감정적으로 영향을 미치고 인간관계와 일상생활을 저하시킬 수 있다. 이것을 있는 그대로 평생 동안 받아들이는 게 쉬울 수도 있다. 그러나 갑성선 질환에 대해 좀 더 잘 알게 되는 것이 최상의 삶을 사는 데 도움이 되는 다른 해결책을 찾는 데 도움이 될 수 있다.

갑상선은 목의 앞부분에 있는 나비넥타이 모양의 내분비기관을 말한다. 목의 한가운데 앞으로 튀어나온 물렁뼈 바로 아래쪽에서 기관의 주위를 나비 모양으로 둘러싸고 있다. 하지만 정상 상태에서는 겉으로 보이지 않고 만져지지도 않는다.

이러한 갑상선은 갑상선 호르몬을 만들어내고 저장하는 역할을 한다. 뇌에 있는 뇌하수체에서 분비되는 갑상선 자극 호르몬의 신호를 받아 갑상선 호르몬을 만드는 일련의 과정이다. 이렇듯 갑상선은 뇌 속에 있는 뇌하수체의 조절을 받고 있다.

갑상선 건강 지키기

꾸준한 운동
스트레스 해소

충분한 물 섭취

적당한 수면

갑상선은 우리 몸의 대사 과정을 촉진한다. 심장, 위점막, 간, 평활근, 신장, 횡격막 등 신체에서 산소 농도를 조절한다. 그리고 단백질, 지질, 탄수화물 대사에 관여하여 단백질이 합성하는 속도를 조절하여 탄수화물로부터 에너지 속도를 조절한다.

또한 성장과 발육을 촉진하는 역할을 한다. 갑상선은 특히, 뼈와 뇌가 성장하는 데 필수 호르몬이다. 갑상선에 문제가 생겨서 호르몬이 부족하게 되면 성장을 할 수가 없어서 키가 작거나 뇌가 성장하지 못해 지진아가 될 수 있다.

갑상선 조직에서는 갑상선 호르몬인 'T3' 'T4' 그리고 '칼시토닌'이 만들어져서 분비된다. 이때, T3와 T4는 우리가 스트레스를 받거나 체온이 극도로 떨어지는 한 상황에 놓이면 분비된다. 그러므로 갑상선을 앓으면 신경이 곤두서는 것은 생물학적으로 당연한 일이다.

갑상선 호르몬이 분비되면 평상시보다 산소를 더 많이 쓰게 되고, 신경계통 또한 활발하게 작용한다. 종합적으로 인체의 기초 신진대사를 조절하기 위한 활동이다. 두 호르몬의 양은

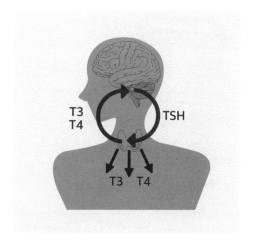

갑상선 호르몬 분비 메커니즘

T4가 갑상선 호르몬의 약 95%를 차지할 정도로 많지만, T3가 대사활동을 촉진하는 효과는 T4보다 약 5배 더 강력하다.

갑상선 이상 증상

갑상선기능 항진증은 갑상선 호르몬이 평소보다 지나치게 많이 분비되는 이상 증상이다. 대표적인 증상은 식욕이 왕성해서 오히려 평소보다 잘 먹더라도 꾸준히 체중이 줄어드는 것이다. 섭취한 음식이 평소보다 빨리 소모되어 열을 방출하고 이로 인해 땀이 많이 나며 체중이 감소한다. 또한 자율신경이 예민해져 심장이 빠르게 뛰고 가벼운 운동을 해도 쉽게 숨이 차며, 위장의 운동 속도가 빨라져 대변을 자주 보거나 설사를 하게 된다. 체력 소모가 많아져 피로는 그전보다 쉽게 느낀다.

종종 팔다리에 힘이 빠져 손이 떨리거나 다리가 마비되기도 한다. 여성

은 월경 주기가 바뀌거나 불규칙적으로 변하고, 월경량이 줄면서 심하면 없어지기도 하여 임신으로 착각하는 경우도 더러 있다.

반대로 갑상선 호르몬이 적게 분비되면, '갑상선기능 저하증'이라고 부른다. 병명에서 알 수 있듯이 갑상선기능 항진증과 반대되는 증상을 동반한다. 이때 갑상선기능 저하증은 두 가지로 나누는데, 갑상선 자체에 문제가 생겼을 때를 '일차성 갑상선기능 저하증'이라고 부르며 갑상선, 갑상선 호르몬을 분비하는 뇌하수체에 이상이 발생하여 나타나는 문제를 '이차성 갑상선기능 저하증'이라고 부른다.

갑상선기능 저하증의 증상은 주로 대사가 감소하여 추위를 지나치게 느끼고 얼굴과 손발이 붓거나 저리고 쥐가 쉽게 난다. 식욕이 없는데도 체중이 증가하거나 근육이 단단해지면서 근육통이 나타나기도 한다. 또한 자율신경이 둔해져서 맥박이 느려지고 위장운동이 느려져 변비가 생길 수도 있다. 피부는 누런 색깔로 변하고, 손톱은 연하고 잘 부러지며 모발은 거칠어지거나 탈모를 동반할 수도 있다. 여성은 월경량이 늘기도 한다.

이러한 변화는 몸이 불편한 것에서 그치지 않는다. 정신 활동도 저하하거나 피로를 쉽게 느끼며 무기력하고, 말이 느리고 어눌해질 수 있다.

뇌하수체 이상으로 나타나는 증상

갑상선 호르몬 분비에 직접 관여하는 뇌하수체는 사람의 두 눈 사이, 그

가운데서도 뒤쪽으로 뇌의 정중앙의 아래 부분에 있다. 크기는 직경 약 0.5cm 정도인 아주 작은 부위이다. 비록 뇌에서 차지하는 비율은 작지만, 앞서 언급한 것처럼 갑상선은 물론 부신, 항이뇨 등 인체에 필요한 대부분의 호르몬 분비에 관여하고 있어서 뇌하수체가 없으면 우리는 살아갈 수가 없다.

갑상선 이상을 불러일으킬 수 있는 이 뇌하수체는 그 자체로 병을 앓을 수도 있다. 뇌하수체질환은 크게 뇌하수체 전엽이 분비하는 호르몬 과잉으로 생기는 '뇌하수체기능 항진증', 호르몬이 부족해서 생기는 '뇌하수체기능 저하증', '뇌하수체 종양'으로 나눌 수 있다.

뇌하수체 기능 항진증

뇌하수체 기능항진증의 가장 흔한 원인은 뇌하수체 선종이다. 선종은 양성 종양인데, 악화하면 선암으로 진행될 수도 있다.

종양이 발발하면 두통, 구토, 종양이 시신경을 압박하여 발생하는 시야장애 등이 초기 증상으로 나타날 수 있다. 뇌하수체 기능 항진증은 어떤 호르몬을 과도하게 분비하는지가 중요한데, 이에 따라 증상은 더욱 다양하게 나타날 수 있기 때문이다.

성장판이 열려 있는 시기에 성장호르몬이 과다 분비되면 거인증을 앓게 될 수도 있다. 키가 2미터 이상 자라는 것이다. 이와 달리 키는 자라지 않지만, 코가 커지거나 턱이 튀어나오며 손가락이 두꺼워지고 넓어지는 등 말단비대증이 나타날 수도 있다. 그 밖에 성선 자극 호르몬이 과다 분비되면 성조숙증을 보일 수 있으며, 임신하지 않은 상태에서도 유즙이 분비되거나 무월경, 불임, 성욕 감퇴 등의 증상을 보일 수 있다.

뇌하수체 기능 저하증

뇌하수체 호르몬 분비량이 감소하는 뇌하수체 기능 저하증은 크게 두 가지 원인으로 나눌 수 있다.

첫 번째는 뇌하수체 자체가 손상을 당해 일차적으로 호르몬의 분비량이 감소하는 것이며, 두 번째는 뇌하수체가 아닌 뇌하수체를 조절하는 시상하부 호르몬의 기능에 이상이 생겨 이차적으로 호르몬 분비량이 감소하는 것이다.

원인 중 하나로 '쉬한Sheehan 증후군'이 있다. 쉬한 증후군은 최근에는 보기 드물지만 산과학이 발달하기 전에는 빈번히 일어나던 병이었다. 이 병은 출산 중에 출혈 상태가 심각하고 저혈압을 보이다가 뇌하수체의 허혈성 괴사가 발생하여 생기는 것이다. 증상이 없는 경우도 있으며 수 년이 지난 후에 발견되기도 하고 피로감, 추위에 견디기 힘들어 하거나 변비, 체중증가 등과 같은 증상을 호소한다. 또한 출산 후에는 대부분 모유 수유가 불가능하고 출산 후에 정상적인 월경 주기가 영구적으로 회복되지 않는다.

하지만 뇌하수체 기능 저하증은 다양한 원인으로 발병할 수 있다. 뇌하수체 종양이 생기거나 뇌하수체 종양 제거 수술을 받은 경우, 두경부 악성 종양의 치료를 위해 뇌하수체 부위에 방사선 치료를 받은 경우, 교통사고 등으로 인한 뇌 손상 후 등 원인은 다양하다.

뇌하수체 기능 저하증은 어떤 종류의 호르몬이 부족한지에 따라 다양한 증상이 나타날 수 있다. 항이뇨 호르몬이 부족하게 되면 소변량이 많아지게 되고 갈증이 계속 일어나 끊임없이 물을 찾게 된다. 갑상선 자극 호르몬이 부족하게 되면 앞서 설명한 증상을 호소하게 된다. 고환이나 난소를 자극하는 성선 자극 호르몬이 부족하게 되면, 심할 경우 2차 성징이 나타나지 않을 수 있다. 성인의 경우에는 남성호르몬의 생산이 줄게 되어 남성 기능이 저하되어 정자의 생산이 감소하고, 여성은 난소에서 배란이 일어나지 않게 되고 월경불순이나 불임이 되기도 한다.

뇌하수체 치료

뇌하수체질환을 치료하는 방법은 두 가지가 있다. 호르몬이 지나치게 많이 분비하느냐 또는 적게 분비하느냐에 따라 다르다. 하지만 그보다 먼저 뇌하수체질환이 의심되면 호르몬 검사, MRI 등 영상의학 검사를 우선 해야 한다. 또한 시야장애가 동반되면 안과 진료도 함께 필요하다.

뇌하수체 호르몬이 과다하게 분비되면 수술을 하거나 방사선 치료, 약물 치료를 받아야 한다. 유즙 분비 호르몬에 이상이 있으면 약물치료를 받거나 코를 통해 종양 제거술을 해야 하고, 만약 수술이 어렵거나 보조적인 치료가 필요하다면 약물치료를 병행할 수 있다.

반대로 뇌하수체 호르몬이 지나치게 적게 분비되는 경우는 호르몬을 보충해 주는 방식으로 치료할 수 있다.

성선 자극 호르몬 부족한 경우에는 여성에게는 에스트로겐, 남성에게는 테스토스테론을 보충해 준다. 간혹 불임증 치료를 위해서 성선 자극 호르몬을 이용하는 것과 같은 원리다. 성장호르몬이 부족할 때에는 성장호르몬 피하주사제를 사용할 수 있고, 갑상선 호르몬이 부족하면 레보티록신 등의 갑상선 호르몬 제제를 복용한다. 항이뇨 호르몬이 부족한 경우에는 데스모프레신 등의 항이뇨 호르몬 제제를 사용하여 과도한 소변량을 줄일 수 있다.

갑상선에 좋은 음식

갑상선기능 항진증은 소화력을 증진하고, 흡수 불량을 유발하므로 식이가 특히, 중요하다. 우선 갑상선 호르몬 생산을 억제하는 데 도움을 주는 과일, 채소를 먹는 게 좋다. 반면에 유제품, 커피, 차, 니코틴, 탄산음료 등 자극적인 것을 피해야 한다.

복숭아

복숭아는 갑상선에 좋은 음식으로 알려진 대표적인 과일이다. 갑상선질환 개선에 관하여 복숭아나무에서 추출한 환, 액상차가 특허로 등록되어 있을 만큼 복숭아는 수분을 보충할 수 있을 뿐만 아니라 체내에 쌓인 노폐물을 배출하는 데 효과적이며 갑상선 개선에 뛰어난 효능을 보인다.

검은콩

검은콩에는 식물성 단백질인 이소플라본이 풍부하게 함유되어 있어 콜레스테롤 수치를 낮춰줄 수 있다. 그뿐만 아니라 섬유질, 미네랄, 철분 등의 영양소도 풍부하게 함유되어 있어 갑상선 호르몬 분비 조절에도 효과가 있다. 특히 여성호르몬과 비슷한 천연성분이 함유돼 여성 갱년기 증상에도 도움을 준다.

토마토

세계 10대 슈퍼 푸드로 불리는 토마토에는 암의 발병률을 낮춰 주고 항산화 작용이 뛰어난 것으로 알려져 있는 리코펜 성분이 풍부하다. 그뿐만 아니라 비타민 C도 풍부하여 갑상선암 예방에 도움을 주는 식품이다. 하지만 토마토는 차가운 성질을 갖고 있어서 몸이 차거나 면역력이 저하되어 있다면 일일 섭취량 이하로 먹는 게 좋다.

브라질너트

셀레늄은 항암 성분을 많이 함유하고 있어서 '항암 미네랄'이라고 불리기도 한다. 그래서 셀레늄은 체내 암세포를 사멸시키는 역할을 하며, 갑상선 호르몬 생성에 매우 중요한 기능을 한다. 특히 브라질너트는 연어보다 약 6배나 많은 셀레늄을 가지고 있다.

육류

육류는 주로 건강한 음식으로 추천받지 못하는 음식이다. 하지만 갑상선 기능 저하증을 앓는 사람은 대부분 아연 결핍 증상을 보인다. 아연은 갑상선 호르몬의 원활한 합성을 도와주는 효소에 필요한 미네랄로, 갑상선 분비 호르몬을 만드는 역할을 하며 뇌하수체에 신호를 보내 갑상선 자극 호르몬을 만들어 내도록 한다.

이러한 아연은 육류에서 손쉽게 섭취할 수 있다. 1일 아연 권장량은 약 8.5mg으로, 하루 약 300g 정도의 소고기를 섭취할 경우 인체에 필요한 아연의 하루 섭취량을 충족할 수 있다.

건강한 식단과 관리

글루텐이 포함된 식단을 줄여야 한다

밀, 보리, 밀 등이 포함된 모든 식품에 글루텐이 포함되어 있다. 빵, 파스타, 케이크 등의 제품은 최소화 하여야 한다. 맥주와 일부 주류에서는 글루텐 곡물을 발효시켜 술을 만든다. 미국 FDA에서는 글루텐 프리에 대한 엄격한 인증을 통해 글루텐 프리 식품을 구입할 수 있도록 하고 있다.

질 좋은 수면과 스트레스를 관리하자

질 좋은 수면은 갑상선질환과 같은 많은 질환을 개선하는 데 도움을 준다. 나에게 맞는 질 좋은 잠을 찾아낸다면 황금보다 더 큰 것을 얻는 것과 같다. 스트레스는 코티솔과 같은 스트레스 호르몬이 신체의 갑상선 호르몬 수치를 변경할 수 있다. 질 좋은 잠과 힐링 패턴의 스트레스를 관리할 수 있다면 삶의 질을 향상시키는 데 도움이 될 것이다.

뇌에서 에너지로

주앙 베르날Juan Bernal 박사는 "뇌에 대한 갑상선 호르몬의 중요성은 갑상선 호르몬이 뇌로 전달되는 메커니즘과 대사에서 세포 상호작용을 엄격하게 제어해야 하지만, 이러한 기전의 붕괴는 심각한 신경학적 손상의 증후군을 초래한다."라고 연구를 통해 발표하였다.

갑상선질환이 없는 완전한 생활은 어려운 일이지만 어려움 속에서도 긍정적인 사고력으로 관점을 달리 해보는 마음을 가질 필요가 있다. 뇌는 당신에게 긍정의 에너지와 훌륭한 선물을 전달할 것이다.

우울하면 뇌가 슬퍼요! 뇌를 춤추게 하세요

우울증은 뇌가 우울한 것이다

우울증은 당신의 뇌를 인위적으로 변화시킬 수 있다.

우울증은 당신이 생각하고 바라보는 행동 패턴들에 영향을 준다. 이것들은 전문가들도 변화의 원인을 정확히 파악하지는 못하지만 스트레스, 염증, 환경, 부모로부터 받은 유전자가 주요인으로 보고 있다. 연구에서 우울증을 앓고 있는 사람들에게 뇌의 부분들이 수축한다는 보고가 있다. 우울증이 높을수록 뇌세포가 많은 조직인 뇌의 회백질 부피(gray matter volume, GMV)의 손실이 커진다.

우울증는 뇌의 해마에서 감정을 조절하고 스트레스 호르몬에 반응하는 뇌의 또 다른 부분과 연결하여 시너지를 증폭시켜 더 우울해 진다.

우울증은 뇌염증으로 우울증이 심해진다는 보고가 있다. 뇌염증으로 인하여 뇌세포를 다치게 하거나 뇌의 노화를 빠르게 진행시키며 면역을 약화시킨다. 현대적 치료에서 항우울제, 인지행동치료 등을 통해 도움이 될 수 있다. 중요한 건 먼저 뇌에게 말을 걸고 춤추게 하는 것이다. 긍정적으로 뇌에게 감정을 전달하자. 그리고 뇌가 좋아하는 충분한 영양 섭취로 뇌를 춤추게 해야 한다.

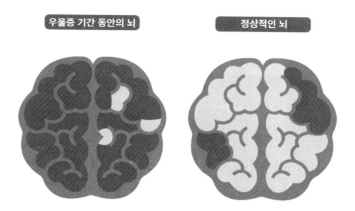

우울증 기간 동안의 뇌 활동(왼쪽)과 정상적인 뇌 활동(오른쪽)을 비교할 수 있다. 안정적이고 정상적인 뇌의 활동에 비해 우울증 뇌는 고립된 뇌 활동의 감소를 나타낸다.

뇌가 우울할 때 먹는 식품

미국에서 운영하는 건강 정보 사이트 '에브리데이 헬스닷컴'은 뇌 염증을 주제로 이에 도움이 되는 식품을 발표했다.

그중 첫 번째는 시금치, 케일 같은 녹색 잎 채소였다.

『기적의 밥상(Eat to Live)』의 저자인 조엘 펄먼 박사는 건강에 가장 좋고 영양소가 풍부한 식품으로 녹색 잎 채소를 꼽았는데, 이런 잎채소는 강력한 면역력 증강과 항암 효과가 있다.

펄먼 박사는 "이런 잎채소들은 정상 세포가 암으로 변하는 것을 막아주며 신체를 무장시켜 암세포를 공격할 준비를 갖추게 한다"고 전했다. 연구에 따르면 녹색 잎 채소들은 어떠한 종류든지 염증을 퇴치하는 효능이 있다. 잎채소에는 비타민 A, C, E와 각종 미네랄, 그리고 항산화물질인 파이토케미컬이 풍부하게 들어 있다.

두 번째는 오메가-3 지방산을 포함한 호두와 치아씨드와 아마 씨 같은 씨앗류다.

호두는 특히, 오메가-3 지방산을 가장 많이 함유한 식물이다. 오메가-3 지방산이 많이 들어간 식단은 우울증 감소는 물론 뇌 기능을 유지 또는 증진하는 효과가 있다. 오랜 세월이 지나면서 서양 식단을 기준으로 오메가-3 지방산이 사라질수록 정신질환이 늘었다는 연구 결과도 있다.

세 번째는 건강에 좋은 지방이 들어간 아보카도다.

아보카도에는 뇌가 필요로 하는 건강에 좋은 지방이 많이 들어 있다. 아보카도 열량의 4분의 3은 단일불포화지방에서 나오는 것인데, 아보카도는 단백질 함량이 높고 비타민 K를 비롯해 비타민 B_9, B_6, B_5와 비타민 C, 비타민 E_{12} 등이 들어 있다. 당분 함량은 낮은 대신 식이섬유는 풍부해서 다이어트 식품으로도 손에 꼽힌다.

네 번째는 항산화제가 많은 블루베리를 비롯해 라즈베리, 블랙베리, 딸기 등의 베리류, 그리고 파속 식물이 꼽혔다. 그 이유는 항산화제는 몸속 세포를 고치고 암을 비롯한 병에 걸리는 것을 막는 효능이 있기 때문인데, 우울증 환자가 2년 동안 항산화제를 섭취한 결과 증세가 낮아졌다는 결과도 있으니 베리류를 비롯해 항산화제를 자주 복용하는 게 좋다.

파속 식물에는 특히, 양파가 도움이 된다. 펄먼 박사는 "양파와 마늘을 자주 먹으면 소화관 계통의 암 발생 위험을 감소시킨다."라고 강조했다. 이러한 채소들은 또한 항염증 효능이 있는 플라보노이드 항산화제를 많이 함유하고 있다.

다섯 번째는 버섯이다.

버섯은 혈당을 낮추는 데 도움이 되는 성분이 있어 기분을 안정시키며, 장내 건강식품으로 유명한 프로바이오틱(생균)이 들어 있기 때문이다. 장에 있는 신경세포는 앞서 설명한 것처럼 세로토닌의 80~90%를 생산하기 때문에 장내 건강 상태는 중요하다.

여섯 번째, 토마토에는 우울증을 완화하는 데 도움이 되는 엽산과 알파 리포산이 많이 함유되어 있다.

우울증 환자 약 3분의 1은 엽산이 결핍되어 있다. 엽산은 호모시스테인이 과도하게 생성되는 것을 막아주는데, 호모시스테인은 행복 호르몬인 세로토닌, 도파민 같은 신경전달물질이 분비되는 것을 제한한다. 또한 알파 리포산은 우리 몸이 음식을 섭취하면 뇌가 연료로 쓰는 포도당으로 전환하는 데 도움을 준다.

마지막 일곱 번째, 콩류는 당뇨를 방지하고 체중 감소에 좋은 식품이다.

콩류는 천천히 소화되면서 혈당을 안정시키기 때문에 기분에 좋은 작용을 하지만, 우울증 때문이 아니더라도 자주 먹는 것이 건강에 좋다.

회춘의 비밀, 뇌와 텔로미어

회춘의 비밀 텔로미어

레너드 헤이플릭은 해부학자다. 1961년 그는 세포가 70번 정도 분열하면 이를 마지막으로 더는 분열하지 못한다는 것을 발견했고, 자신의 이름을 따서 '헤이플릭 한계'라고 명명했다. 약 20년 후, 분자생물학자 엘리자베스 블랙번은 세포분열의 한계가 세포의 염색체에 양 끝의 텔로미어와 관계가 있다는 것을 밝혀냈다. 즉 텔로미어란 염색체 끝에 있는 단백질로 감싼 DNA로 이뤄진 말단 영역이다.

텔로미어란 그리스어로 끝을 의미하는 'telo'와 부분을 의미하는 'mere'의 합성어다. 우리말로 바꾸면 '끝부분'이라는 뜻이다. 사람의 몸에는 DNA 꼬임이 있는데, 텔로미어는 바로 이 염색체 DNA의 끝에 자리 잡고 있다.

엘리자베스 블랙번은 텔로미어를 연구하여 2009년 노벨 생리의학상을 수상했다. 텔로미어는 신발끈 끝의 플라스틱 꼭지에 비유되는데, 이 꼭지는 신발 끈이 닳거나 망가지는 것을 방지하는 역할을 한다. 세포는 염색체 끝부분까지 완전히 복제할 수 없어서 세포가 분열할 때마다 DNA는 조금씩 사라지는데, 즉 세포가 분열할 때마다 텔로미어가 짧아지는 것이다.

텔로미어가 다 닳으면 세포분열은 자동으로 정지된다. 이는 곧 노화로 인해 수명을 다한다는 것을 의미하며, 우리 노화와 수명에 직접적인 역할을 하는 것이 바로 텔로미어의 마모 여부라는 점을 시사한다.

이때 텔로미어의 길이를 조절하는 것이 '텔로머레이스telomerase'라는 효소다. 텔로머레이스는 플라스틱 꼭지, 즉 텔로미어를 계속 보충하는 기능을 한다.

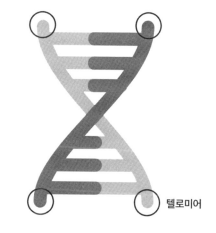

텔로미어

하버드대 연구팀의 텔로머레이스 연구 결과에 따르면, 유전자를 조작해 텔로머레이스 효소를 없앤 쥐는 정상 쥐보다 노화 현상이 빠르게 나타났고, 뇌의 크기도 작았으며 불임, 장기부전 등의 각종 질환을 동반했다. 하지만 그 후 텔로머레이스를 다시 활성화하는 약물을 주사하자 노화의 징후가 사라졌다.

해당 연구를 진행한 로날드 데피노 박사는 "노화 과정을 늦추는 게 아니라 회춘의 결과를 발견했다." 라고 덧붙였다.

텔로머레이스의 두 얼굴

마치 사이토카인 폭풍처럼 텔로머레이스도 두 얼굴을 가지고 있다. 적당량을 보유할 때는 노화방지에 도움을 주지만, 비정상적으로 활성화되면 암세포를 생성할 수 있다.

텔로미어가 길면 폐암이 발병할 가능성이 크다는 연구도 나왔다. 미국 시카고대학 피어스 박사는 유방암, 폐암, 대장암, 난소암, 전립선암 환자 약 5만 명과 건강한 사람 약 6만 명을 대상으로 유전자를 분석한 결과라고 밝혔다.

연구에 따르면, 텔로미어의 길이가 일정량(1천 개 염기쌍) 길어지면 폐선암에 걸릴 확률은 2배 이상씩 높아졌다. 이는 텔로미어가 길수록 세포분열이 더 많이 이루어져 세포의 수명이 길어짐에 따라 발암성 유전자 변이도 자주 이루어지기 때문이라는 추측이 있다. 위험한 점은 암세포의 85%는 세포분열을 하지만 텔로미어 길이가 짧아지지 않는다는 것이다. 그래서 암세포는 죽지 않고 계속 증식한다.

텔로미어의 길이가 짧으면 노화가 일찍 찾아오고, 반대로 텔로미어가 길면 암세포가 증식할 위험이 높아지는 셈이다. 즉 노화점과 암세포 발생점이 있다는 것이다.

암세포 정복이란 동전을 뒤집으면 수명 연장의 꿈이 엿보인다. 텔로머레이스가 정상 체세포에서 작동해 텔로미어 길이가 노화점 이하로 짧아지는 것을 막는다면, 세포의 노화를 늦출 수 있기 때문이다. 진시황의 불로초가 텔로머레이스에 있는 셈이다.

스트레스가 텔로미어를 마모시킨다

선천적으로 텔로미어가 긴 사람이 있는 반면, 짧은 사람도 있다.
선적적인 요인으로는 에스트로겐이 있다. 미국 캘리포니아 대학교 엘리사 이펠 교수는 북미 폐경학 회(The North American Menopause Society)에서 이에 대해 언급한 바 있다.

스트레스는 텔로미어의 길이를 마모시켜 노화를 촉진한다.

이펠 교수는 임신과 출산 등 여성의 건강, 호르몬, 정신건강 상태와 텔로미어 길이의 상관 관계에 집중했다. 이펠 교수에 따르면 대부분의 여성은 남성보다 텔로미어의 길이가 길고, 텔로미어가 길면 심장질환에 걸릴 가능성이 줄어들어 이에 따라 수명 또한 길다는 것이다. 또한 교수는 "에스트로겐은 텔로머레이스를 활성화한다. 그러나 만성 스트레스나 어린 시절에 받은 정신적 고통은 텔로미어를 마모한다."라고 덧붙였다.

실제로 텔로미어의 길이는 선천적 이유보다 후천적인 이유로 결정되는 경우가 더 많다. 그중에서도 가장 영향을 크게 미치는 요인이 바로 스트레스다. 스트레스를 받는 상황이 오면 대부분 두려움, 불안 등 위협을 느끼는 되는데, 이와 함께 혈관이 수축하고 심장박동이 빨라지면서 혈압이 오른다.

스트레스가 빈곤층의 유전자에 손상을 남긴다는 연구 결과도 있다.

미국 스탠퍼드대 등 공동 연구팀은 빈곤층은 스트레스를 받는 생활이 이어지기 때문에 상대적으로 풍족한 사람들보다 노화가 일찍 나타나는 등 텔로미어의 길이가 훨씬 더 짧다는 것에 기반했다.

연구팀은 미국 디트로이트에 거주하는 사람들을 대상으로 하여 빈곤층과 중하층을 흑인, 백인, 멕시코인 등 인종과 민족에 따라 구분했다. 해당 연구 결과 저소득층은 인종에 관계없이 평균 텔로미어 길이가 더 짧았다. 그런데 특이점은 중하층에 속하는 백인의 텔로미어가 가장 길다는 점이다. 또한 흑인은 소득 수준에 상관없이 텔로미어 길이가 비슷했지만 빈곤층 멕시코인의 텔로미어 길이는 소득이 높은 멕시코인보다 오히려 더 길었다.

연구는 다양한 측면으로 이어졌다. 신경전달물질인 세로토닌, 도파민은 물론 가정환경과의 상호작용이 나타났다. 또한 생활환경에서 야기되는 스트레스는 식생활에 영향을 끼쳐 혈당, 흡연, 비만 등으로 이어질 수도 있다는 점을 밝혀냈다.

미국 국립과학원회보(PNAS)에 실린 그 연구도 해당 근거를 뒷받침한다. 빈곤한 환경도 텔로미어의 길이를 짧게 만들지만 이러한 환경에 대해 본인이 얼마나 민감하게 반응하느냐, 즉 스트레스를 느끼는 정도가 큰 사람은 그렇지 않은 사람보다 더 텔로미어의 길이가 짧아진다는 것이다. 그래서 같은 환경이더라도 둔감한 사람은 오히려 텔로미어의 길이가 더 길 수도 있다. 또한 이러한 민감성은 뇌와 몸을 중계하는 신경전달물질인 세로토닌과 도파민과 관계가 깊다.

미국 하버드대학 연구팀은 유년시절 겪은 트라우마와 사춘기가 시작된 시기, 세포 변화 여부, 두뇌 발달에 끼치는 영향을 조사했다. 그 결과, 학대 같은 트라우마를 겪은 대상자는 텔로미어가 짧았으며 사춘기 또한 빨리 시작됐다. 그리고 무엇보다 복내측 전전두엽 피질의 두께가 얇았다.

아직 어린아이의 텔로미어가 짧다는 것은 노화가 빨리 진행된다는 것을 뜻한다고 분석됐다. 복내측 전전전두엽 피질 두께가 얇아지는 것도 노화 현상의 일종이기 때문이다.

뇌와 텔로미어

뇌와 텔로미어는 밀접한 상관관계가 있다. "사회적 스트레스와 가족 건강(Social Stress and Family Health)" 연구팀의 라라 풀만은 "텔로미어 길이의 변화가 실제로 사람의 노화와 연관이 있는지 탐구하기 위해 뇌 구조와 연결시켜 관찰했다."라고 설명했다.

연구 참가자들은 각각 3개월 간격으로 네 번의 MRI 검사를 받았다. 또한 같은 날짜에 혈액 검사를 했고, 연구팀은 혈액 샘플에서 백혈구의 DNA를 검사하는 것을 통해 텔로미어 길이를 계산했고, MRI 스캔을 이용해 연구 참가자들의 대뇌피질의 두께를 계산했다.

풀만은 연구 결과에 대해 이렇게 덧붙였다. "시스템 전반에 걸쳐, 우리의 생물학적 노화는 우리가 생각했던 것보다 더 빠르게 변화하는 것으로 보인다. 노화의 지표는 단 3개월 만에 크게 달라질 수 있다."

연구자들은 텔로미어가 길어지는 것은 피질이 두꺼워지는 것과 관련이 있는 반면, 텔로미어의 길이가 짧아지는 것은 치매 치료자들과 일부 유사성을 보였다고 전했다. 특히 텔로미어의 축소는 회백질 감소와 관련이 있는데, 이는 전두엽 영역에서 발생한 현상이다.

이러한 연구와 동시에, 정신적인 훈련으로 텔로미어의 길이를 바꿀 수 있는지 관찰했다. 연구팀은 9개월 간의 마음 챙김, 정신수련 등으로 텔로미어의 길이와 피질의 두께가 달라질 수 있는지 조사했다. 유럽연구위원회(ERC)의 지원을 받아 이어진 ReSource 연구의 결과는 피질의 특정 영역이 얇아지지 않게 3개월 두께를 유지하며, 정신훈련 내용에 따라 오히려 두꺼워질 수 있다는 것을 보여주었다. 이는 스트레스를 조절할 수 있는 능력의 향상과 맞물리는 결과다.

텔로미어 유지하기

　앞서 언급한 것처럼 선천적인 요인보다 후천적인 노력을 통해 텔로미어의 길이를 유지 또는 연장할 수 있는 요인이 더 많다.

　미국 캘리포니아대학교 의과대학 딘 오니시Dean Ornish 교수는 생활 습관으로 심장질환을 막고 텔로미어 길이를 증가시킬 수 있다고 주장했다. 딘 오니시 교수는 실험 참가자를 모아 일주일 중 6일 동안 지방이 적은 음식을 먹고 하루 30분씩 걷도록 했다. 그리고 요가, 호흡법, 명상으로 스트레스를 관리하도록 했다. 5년 후, 이렇게 스트레스 관리를 한 사람의 텔로미어는 10% 길어진 것으로 나타났을 뿐만 아니라 심장병의 진행도 되돌릴 수 있었다.

　우선 규칙적인 운동으로 텔로미어 길이를 연장할 수 있다. 특히 오래 달리기 같은 지구력 운동은 가장 효과적인 방법이다. 긴 거리를 달리는 울트라 마라토너의 텔로미어 길이는 평균 남성의 텔로미어보다 약 10% 이상 길었다. 하지만 평소 운동을 하지 않던 사람에게 지구력 운동은 무리가 될 수 있으므로 가벼운 달리기, 자전거 타기부터 시작하는 것이 좋다.

또한 격렬한 운동과 가벼운 운동을 번갈아 반복하는 것도 도움이 된다. 격렬한 운동을 하면 젖산이 축적되고, 그것보다 가벼운 운동으로 넘어가면 신체가 회복되면서 산소를 들이마시며 젖산을 분해한다. 이 과정이 번갈아 이루어지면서 우리 몸에는 새로운 모세혈관이 생기고, 산소를 근육에 공급하는 능력이 향상된다. 이는 강한 힘을 쓸 때 사용하는 속근섬유와 지구력을 키우는 지근섬유를 번갈아 자극하는 셈이다. 이러한 운동을 기반으로 하여 수영, 빠르게 달리다가 걷기, 속도 차이를 둔 자전거 타기, 로잉 머신 등 기구를 가지고 해도 좋다.

꼭 기구를 사용하지 않더라도 무거운 중량을 들어 올리는 웨이트 트레이닝이나 저항 운동을 하는 것도 좋다. 기구 없이 체중을 활용하는 방법도 있는데, 자신의 무게를 견디는 팔굽혀펴기, 윗몸일으키기, 턱걸이 등과 같은 일상생활에서 할 수 있는 운동도 꾸준히 하면 근육 속 세포가 격렬한 움직임에 적응하기 위해 팽창하여 신체와 근육을 발달시킨다.

운동뿐만 아니라 식습관도 중요하다. 폭식, 과식 등을 자제하는 것은 물론, 적게 먹되 단백질 위주로 섭취하는 것이 좋다. 또한 하루 7~8시간 이상 충분한 수면을 취하는 것도 텔로미어의 길이를 늘리는 데 도움이 된다.

텔로미어 식단

건강한 식생활의 가장 좋은 모델 중 하나는 야채, 콩과 식물, 견과류, 과일 및 곡물(주로 정제되지 않은 것)을 많이 섭취하는 것이 특징인 식단이다. 포화지방은 적게 섭취하고 불포화지방 특히, 올리브 오일등과 같은 것은 적정 섭취를 권장한다. 알코올 섭취는 최소한으로 줄여야 하지만 와인을 적당히 마시는 것은 텔로미어 단축을 예방하는 것으로 나타났으며 노인의 사망률 위험 감소와 관련이 있는 것으로 나타났다.

PART. 2

뇌활용 이야기

천재의 뇌는 무엇이 다를까?

아인슈타인의 뇌를 연구한 인물

우리는 지금까지 이렇게 생각해왔다. '아인슈타인이 뇌를 10%밖에 사용하지 못하고 죽었으니, 보통 사람은 그것보다 뇌를 더 쓰지 못하고 죽겠구나.' 라고 말이다. 하지만 속설과 다르게 우리는 이미 충분히 뇌를 최대치로 사용하고 있다. 다만 이러한 생각은 '천재는 뇌를 쓰는 영역이 뭔가 다를 것 같다.' 라는 믿음을 여실히 보여준다.

똑똑한 사람의 뇌로 대표적인 것은 아인슈타인의 뇌다.

알버트 아인슈타인Albert Einstein은 모두가 알다시피 상대성이론, 광전효과, $E=MC^2$ 등 무려 1900년 초반에 위대한 과학적 성과를 이룬 인물이다. 그만큼 당시 과학자들의 관심을 한몸에 받아왔다고 알려져 있다.

1955년 4월 12일 아인슈타인은 복부에 심한 통증을 느껴 뉴저지 주에 있는 프린스턴병원에 입원했다. 아인슈타인이 앓고 있던 병의 원인은 대동맥류였다. 대동맥이 풍선처럼 부풀어 오르는 질환이었다. 담당 의사는 수술을 권유했지만, 아인슈타인은 인위적으로 삶을 연장하고 싶지 않았다. 아인슈타인은 그로부터 5일 뒤, 4월 18일 새벽 1시 15분에 숨을 거뒀다. 자신의 몸을 화장해 아무도 모르는 곳에 뿌려 달라며 묘지도 기념비도 필요 없다는 아인슈타인의 유언대로, 유족들은 추모 장소도 따로 마련하지 않았다.

아인슈타인이 사망한 후 7시간이 지난 뒤 아인슈타인의 시신은 부검하기 위해 철제 테이블로 옮겨졌다. 시신을 화장하기 전에 형식적으로나마 사인을 밝히기 위해서였다. 아인슈타인의 부검을 맡은 사람은 당시 당직을 맡았던 병리학 의사 토마스 하비Thomas Harvey였다. 토마스 하비는 여러 해부 도구를 이용해 아인슈타인의 몸속을 두루 살폈고, 사인은 역시 부풀어 있던 대동맥류가 파열한 것이었다.

토마스 하비는 사인을 알아내는 것에 멈추지 않았다. 천재 과학자의 뇌에 흥미와 경이로움을 느낀 토마스 하비는 아인슈타인의 두피를 가로로 그어 잘라낸 뒤 두개골에 전기톱을 댔다. 그리고 두개골의 벌어진 틈에 끌을 박고, 나무 막대로 몇 번 두드려 두개골을 갈라냈다. 마침내 상대성 이론, E=MC², 광전효과 등 과학적 혁명을 이루어낸 아인슈타인의 뇌가 모습을 드러낸 순간이었다. 토마스 하비는 척수를 포함한 다른 신체조직을 잘라낸 뒤 아인슈타인의 뇌를 두개골에서 끄집어냈다.

그리고 토마스 하비는 '천재인만큼 보통 사람의 뇌보다 무거울 것이다.' 라는 기대를 품고 아인슈타인의 뇌를 저울에 올렸다. 하지만 토마스 하비의 예상과는 달리 뇌의 무게는 겨우 1,200g 정도였다. 아인슈타인의 뇌는 일반인의 뇌보다 크기는커녕 오히려 조금 작고 가벼운 것이었다. 이러한 결과를 선뜻 받아들이기 어려웠던 토마스 하비는 포름알데히드가 담긴 병에 아인슈타인의 뇌를 담은 뒤 훗날 다시 연구하기로 했다.

그로부터 30년 후, 토마스 하비가 아인슈타인의 뇌를 가지고 있다는 소식이 퍼지면서 이 사실을 신문을 통해 알게 된 아인슈타인의 후손은 크게 분노했다. 토마스 하비가 행한 일은 누구와도 상의하지 않았던 독단적인 행동이었으며, 화장을 원했던 고인의 뜻에 반하는 일이기 때문이었다.

하지만 토마스 하비는 아인슈타인의 뇌를 과학적인 목적으로만 연구하겠다며 유가족을 설득하여 정식으로 소유하게 되었고, 하비는 아인슈타인의 뇌를 조각내어 240개로 나눈 뒤 얇은 표본으로 만들어 현미경으로 관찰할 수 있도록 만들었다. 그리고도 남은 조직은 사과주스 병에 담아 거주하던 집의 지하실에 보관했다. 본래 뇌를 전문적으로 연구한 적이 없었던 하비는 여러 뇌 관련 학자들에게 아인슈타인의 뇌 조각을 보내면서 천재의 비밀을 밝히려 했지만 뇌 조각을 받은 대부분은 응답하지 않았다.

마침내 1980년대 초반 캘리포니아 주의 마리안 다이아몬드Marian Diamond 교수가 하비에게 연락을 취해왔다. 교수는 하비에게 아인슈타인의 뇌를 요청했고, 하비는 마요네즈 병에 담아 우편으로 보냈다. 그 후 1985년 아인슈타인의 뇌를 통해 천재성을 설명하는 논문이 처음으로 발표되었다.

다이아몬드 교수는 하비에게 아인슈타인의 좌우측 배외측 전전두피질과 각회를 요청했다. 이 영역들은 뇌에서 여러 정보를 통합하는 곳으로, 다이아몬드 교수는 일반인과 아인슈타인의 아교세포 개수와 세포 간 비율을 비교하는 방법으로 연구를 진행했다.

연구 결과, 아인슈타인의 뇌에는 일반인보다 아교세포가 더 많았다. 다이아몬드 교수는 예전에 실행했던 연구를 통해 자극이 풍부한 환경에서 생활한 쥐는 그렇지 않은 쥐보다 아교세포가 많다는 사실을 알고 있었다. 그래서 다이아몬드 교수는 해당 실험과 마찬가지로 아인슈타의 뇌에서 '신경아교세포'의 비율이 높게 나타난 것은 아인슈타인이 일반인보다 뇌를 더 활발하게 사용하면서 신경학적 대사를 위해 아교세포가 늘어난 것으로 분석했다. 즉 뇌의 크기가 같거나 심지어 뇌가 더 작더라도 뇌세포들이 신호를 주고받는 연결망을 얼마나 정교하게 갖췄는지에 따라 정보를 처리하는 속도, 학습 능력, 인지기능 등이 달라진다는 것이다.

토마스 하비 덕분에 아인슈타인의 경이로운 뇌 사진을 어디서든 볼 수 있고, 아교세포를 포함한 여러 연구가 이루어졌지만 정작 토마스 하비는 아인슈타인의 뇌를 연구하고 싶어 했던 열망과 집념 때문에 병원에서 퇴출당하고, 이혼을 당하는 등 파란만장한 일을 겪었다.

그리고 아인슈타인의 뇌는 240개 조각 그 이상으로 나뉘어 미국, 일본 등 세계 각지를 건너갔다. 조용한 죽음을 원했던 아인슈타인의 바람과는 다른 결말인데, 어쩌면 아인슈타인은 자신의 뇌가 이러한 일을 겪게 될 것을 예상하고 화장을 원했을지도 모르겠다.

똑똑해지는 방법

모든 천재가 완벽한 뇌를 타고난 것은 아니지만, 천재의 뇌와 일반인의 뇌에는 분명히 선천적인 차이가 존재할 것이다. 그렇다면 현대 의학은 '똑똑해지기 위해' 어떤 방법을 고안하고 있을까?

펜실베니아 대학의 기드온 네이브Gideon Nave는 암스테르담 브리에 대학의 필립 코엘링거Philipp Koellinger와 함께 연구팀을 꾸려 뇌의 용적과 지적 능력 사이의 연관성을 관찰하는 대규모 연구를 진행했다.

연구 결과, 실제로 뇌가 큰 사람은 인지기능을 포함한 지적 능력 테스트에서 조금 더 높은 점수를 보였다. 뇌가 더 크다는 것은 곧 더 많은 뉴런과 시냅스를 보유한다는 것을 가설에서 지적 능력 또한 더 높을 수 있다는 가능성을 시사한 발표였다. 이 연구에 따르면, 뇌의 크기가 약 100cc 정도 더 크다면 학습 능력은 5개월 정도 차이가 난다. 하지만 성인의 뇌가 100cc까지 차이가 나는 경우는 매우 드물어서 유의미한 결과는 아니다. 또한 인지기능 및 기타 뇌 기능의 차이를 설명하는데, 뇌 크기는 2% 정도밖에 영향을 주지 않기 때문에 이 연구 결과는 뇌 스캔만으로 지능을 손쉽게 측정할 수 없다는 사실도 드러냈다.

미시간 주립대 연구팀은 성인 약 330명을 대상으로 진행한 뇌연구를 발표했다. 해당 연구팀은 피실험자들의 뇌를 MRI 촬영한 후, 피실험자에게 단어 15개를 듣고 나서 기억나는 단어를 최대한 많이 적는 기억력 테스트를 실시했다. 그 결과, 학습과 기억력을 주로 담당하는 '해마'의 크기와 기억력은 서로 비례하지 않는다는 것을 밝혀냈다. 다시 말해, 해마가 크다고 해서 기억력이 좋은 것은 아니었다.

하지만 뇌와 해마의 크기가 크다는 것과 지능 사이에 상관관계가 없다고 해서 연관성이 없는 것은 아니다. 현대 의학이 발달하면서 단순히 뇌의 크기와 지능을 비교하는 것보다는 뇌의 어떤 부위가 어떻게 작용하는지가 지능에 영향을 미친다는 것에 초점을 맞추고 이에 관한 연구가 진행되고 있다.

현내의 뇌과학자들은 뇌의 크기나 구조보다는 '뇌의 작동 방식'에 주목한다. 소리 같은 외부의 자극을 처리하는 뇌에는 미세한 전류가 감지되는데, 지능이 뛰어난 사람은 뇌의 반응이 다른 사람에 비해 더 빠르다는 사실을 많은 연구와 조사를 통해 발견했다.

또한 뇌가 제기능을 할 때는 포도당을 원료로 삼아 작동하는데, 지능이 높은 사람은 뇌가 작동할 때도 에너지가 그렇게 많이 필요하지 않다는 사실도 밝혀냈다. 지능이 높은 사람은 같은 문제를 풀더라도 지능이 낮은 사람에 비해 소모하는 뇌세포가 더 적다는 것이다. 다시 말해, 똑똑한 사람의 뇌는 적은 포도당으로도 쉽게 문제를 해결할 수 있으므로 효율이 높다는 뜻이다.

그렇다면 우리는 지능이 높은 사람처럼 뇌를 더 효과적으로 작동할 수 있게끔 만들 수 있을까? 다르게 말하자면, 우리는 후천적으로 더 똑똑해질 수 있을까?

만약 이러한 일이 가능해진다면, 교육계는 물론 알츠하이머 같은 질환에 있어서도 큰 파장을 일으킬 것이다. 많은 전문가가 이러한 답을 얻기 위해 다양한 시도를 했다. 그중 현재 유의미한 효과를 확인한 두 가지 방법은 바로 '전기 자극'과 '스마트 약물'이다.

전기 자극으로 발작을 막는다, 똑똑해지는 방법

전기 자극이란 얼핏 무섭게 들리지만, 이미 '뇌심부자극술', '경두개자기자극술(TMS)'등으로 불리며 널리 퍼져 있는 치료법이다.

UC 버클리대 연구진은 이러한 기존 치료법을 바탕으로 하여 이른바 '뇌페이스 메이커'를 개발했다. 이것의 정식 명칭은 '원드(WAND, wireless artifact free neuromodulation device)'이며 수십 개의 전극을 지닌 뇌 이식형 디바이스로서, 마름모꼴 모양의 칩 형태로 이루어져 있다.

원드는 뇌에 이식되면 전기 자극을 보내는 기능을 통해 발작성 뇌질환 또는 신경마비 같은 증상을 완화하게 만든다. 이 원리는 원드가 뇌에서 발생하는 미세한 전기 파동과 자극을 인식하고 이상 증상을 감지하면 전지 자극을 보내도록 설계되어 있기 때문에 가능하다. 만약 발작이 시작되면 심각한 발작으로 발전하기 전에 미리 차단하는 효과가 있으므로 설계한 대로만 잘 작동한다면 뇌전증 환자는 심각한 발작을 사전에 예방할 수 있게 된다.

아직 사람에게는 적용할 수 없는 단계여서 연구진은 원숭이를 대상으로 임상실험을 진행했다. 해당 연구의 책임자인 UC 버클리대 컴퓨터과학과의 '리키 뮬러Rikky Muller' 박사는 "발작이 발생하기 전에 나타나는 전기신호를 알아채는 것은 매우 어렵고, 이를 막는 데 필요한 전기자극의 주파수와 강도를 결정하는 것도 아주 까다로운 일"이라고 소개하며 "WAND를 이용하여 치료 효과를 보려면 앞으로도 상당 기간 미세조정 작업을 거쳐야 한다."라고 전했다.

뇌에 전기 자극을 가하는 것은 발작 증상뿐만이 아니라 기억을 복원하는 것에도 도움을 줄 수 있다. 미국 서던캘리포니아대학(USC) 연구진은 전기 자극을 바탕으로 웨이크 포리스트 뱁티스트(WFB, Wake Forest Baptist) 병원과 공동으로 치매 환자를 대상으로 하여 기억을 되살리는 방법을 연구하고 있다.

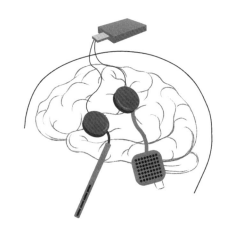

USC대학 연구진은 뇌가 정상적으로 기능할 때 나타나는 전기신호를 복제하여 해마를 자극하도록 했다. 해마는 기억의 중추로서, 실제로 이 방식을 이용한 치매환자는 임상 테스트에서 기억력이 35~37% 정도 향상되었다고 밝혔다.

웨이크 포리스트 뱁티스트 병원의 '로버트 햄슨Robert Hamson' 박사는 이러한 결과를 두고 "노인성 치매 증상을 보이는 환자를 포함하여 전투 중에 당한 뇌 부상으로 인해 가족의 얼굴을 몰라보는 군인도 이러한 도움을 받아 기억을 회복할 수 있을 것"이라고 전했다.

스마트 약물은 이미 곳곳에 있다

스마트 약물로 인정하는 성분은 따로 있다. 스마트 약물은 크게 일곱 가지로 분류할 수 있는데, 인지력 장애를 치료하는 라세탐, ADHD나 기면증을 치료하는 각성제, 스트레스를 낮추는 강장제(허브, 인삼, 버섯 등), 신경전달물질 아세틸콜린을 증진하는 자율신경계 약물, 세로토닌 농도를 높이는 약물, 도파민을 보충하는 약물, 대사작용을 높이는 약물이 이에 속한다.

강장제는 한 번쯤 들어보았을 법한데, 스마트 약물은 이처럼 우리 주변에 있다. 심지어 아이비리그 학생의 20%가 스마트 약물을 복용한다. '하버드 비즈니스 리뷰'에 따른 기사에서 아이비리그 학생들은 주로 ADHD 질환에 처방해 주는 애더랄Adderall이나 기면증 치료제 모다피닐Modafimil을 선호한다고 답했다. 또한, 2012년 영국 왕립학회 보고서에서는 스마트 약물은 시니어 직장인에게 꼭 필요한 약이라고 전했다. 인지 능력을 향상해 주는 효과 때문이다.

그러나 미시간 대학교 마틴 사터 교수는 '스테로이드를 먹으면 없던 근육이 만들어지기도 하고, 강화하기도 한다. 하지만 스마트 약물을 복용한다고 해서 두뇌 물질이 만들어지지는 않는다.' 라고 주장한다. 다만 뇌세포가 신호전달을 효과적으로 전달하도록 생리적 상태를 만들어 준다고 말한다. 결국 스마트 약물의 효과란 '더 집중하도록 마음가짐을 바꿔 주는 심리적 효과'를 뜻한다. 스마트 약물의 기능이 인지 능력 자체를 높여 주는 것이라기보다는 집중력을 높인다는 것이다.

전기 자극과 스마트 약물의 효과가 서서히 인정받으면서 이를 사용하는 사람 또한 점차 늘어나고 있지만, 윤리와 사회 등 여러 가지 측면에서 다양한 목소리가 나오고 있다. 시험을 앞두고 스마트 약물을 복용하는 것은 곧 운동선수가 대회에 출전하기에 앞서 근육강화제를 복용하는 것과 마찬가지로 불공정할 수 있기 때문이다.

하지만 반대로 지능은 유전적인 영향을 많이 받기 때문에 전기 자극이나 스마트 약물처럼 후천적인 조치를 받는 것이 오히려 모든 사람이 동등한 출발선상에 설 수 있도록 하는 기회가 된다는 의견도 있다.

이처럼 단순히 현대 의학이 개발한 '똑똑해지는 방법'은 효능과 부작용이 있느냐 없느냐의 문제를 떠나 어리 측면에서 논의해볼 가치가 있다.

기억력 향상을 위한 식단

오메가-3

뇌의 액 60%는 지방으로 구성되어 있으며, 그 지방의 절반은 오메가-3 지방산으로 구성되어 있다. 뇌는 오메가-3를 사용하여 뇌와 신경세포를 만들고 이러한 지방은 학습과 기억에 필수적이다.

반대로 오메가-3를 충분히 섭취하지 못하면 학습 장애 및 우울증과 관련이 있다.

오메가-3가 많은 생선 섭취는 뇌의 건강에 매우 훌륭한 선택이다.

커피

커피 한 잔은 뇌에 자극과 활성화에 도움을 줄 수 있다. 카페인은 졸음을 일으키는 아데노신을 차단하여 두뇌를 일깨우고, 기분을 좋게 한다. 또한 집중력을 향상시킨다는 연구가 있다. 이는 높은 농도의 카페인과 항산화제가 포함되어 있어서 기억력 향상에 도움이 되는 것으로 판단된다. 그러나 다른 연구에서는 커피의 영향으로 심장의 부담을 주어 커피를 마시지 않거나 줄이기를 권장한다. 콜레스테롤을 높이는 성분이 있으며 좋은 성분과 나쁜 성분이 혼재되어 있다.

커피를 마시고자 한다면 커피를 섭취 시 여과지 필터를 활용해 추출하여 섭취하는 방법을 권장한다. 유럽의 심장 내과학 저널에 발표된 이 논문에서 남성과 여성 50만 8,747명을 대상으로 커피를 먹는 환경을 조사했다. 여과지 필터를 활용한 방식은 그러지 않은 사람보다 사망률 비율이 낮다는 장기간의 연구 추적조사를 통해 확인되었다.

여과지 필터에 있는 셀룰로스라는 물질은 물에 잘 녹는 성질을 갖고 있다. 커피에는 콜레스테롤을 높이는 주범인 카페스톨이 포함되어 있다. 카페스톨은 기름에 잘 녹는 성질이기 때문에 셀룰로스를 통과할 수 없다.

여과지 필터에 커피를 걸러서 마시면 콜레스테롤의 카페스톨을 거를 수 있기 때문에 커피를 섭취 시 좀 더 뇌와 몸에 효율적 반응과 심혈관 질환에 도움이 될 것으로 본다.

블루베리

블루베리는 항염증 및 항산화 효과가 있는 식물 화합물 그룹인 안토시아닌을 전달한다. 블루베리의 항산화제는 뇌 세포 간의 의사소통을 개선하는 데 도움이 되는 것으로 밝혀졌다.

강황

최근 강황은 많은 화제를 불러일으키고 있다.

강황의 활성 성분인 커큐민은 뇌와 관련이 있는 항산화와 항염 효능이 높다. 커큐민은 알츠하이머 환자의 기억력 향상에 도움이 될 수 있다. 또한 이 질병의 특징인 아밀로이드 플라크를 제거하는 데 도움이 되고, 기분을 좋게 하는 세로토닌과 도파민을 증가시켜 뇌의 집중력을 향상시킨다.

많은 연구에서는 하루에 500-2,000mg 범위의 용량으로 고농축 커큐민 보충제를 사용한다. 이는 강황을 향신료로 사용할 때 대부분의 사람들이 일반적으로 소비하는 것보다 훨씬 많은 커큐민이다. 이는 강황이 약 3~6% 의 커큐민으로 구성되어 있기 때문이다.

호박씨

호박씨에는 신체와 뇌를 보호하는 강력한 항산화제가 들어 있다. 아연, 구리, 마그네슘이 풍부하여 뇌의 장애 개선에 도움을 준다.

- 아연: 신경 신호 전달에 중요하다. 아연 결핍은 알츠하이머병, 우울증, 파킨슨병에 영향을 줄 수 있다.
- 구리: 뇌는 구리를 사용하여 신경 신호를 제어한다. 구리 수치가 낮으면 신경퇴행성질환의 위험이 더 높아진다는 연구결과가 나왔다.
- 마그네슘: 마그네슘은 학습과 기억에 필수적 요소이다. 낮은 마그네슘 수치는 편두통, 우울증, 간질에 영향을 줄 수 있다.

뇌 기반 학습

미국에서는 지난 90년대의 10년을 '뇌의 10년'이라고 할 만큼 뇌에 대한 연구가 엄청난 속도로 이루어지고 있다. 특히 뇌 영상 기법의 발달은 인지 과학 분야로서 학습에 적용하고 있는 현대의 발전 상황을 보여준다. 요즘 떠오르는 '뇌 기반 교수', '뇌 맞춤 교과 과정과 개발'은 뇌와 학습을 연결하는 새로운 접근이다. 뇌를 좀 더 효과적으로 활용해 최대의 효율을 내겠다는 셈이다.

아직 상용화하기에는 이르지만 OECD 보고서에 따르면 뇌 과학의 연구 결과는 곧 인지심리학, 교육학, 컴퓨터과학 등과 함께 뇌를 기반으로 해 학습의 신비를 밝혀낼 예정이다. 간략한 중심 내용은 '뇌 발달 시기에 맞는 효율적인 학습', '유아 초기의 추상적인 사고 능력', '정서 능력이 인지 과정에 미치는 영향' 등이 있다.

그렇다면 뇌와 학습이 연계되는 이유는 무엇일까?

앞서 언급한 것에서 눈치를 챌 수 있다. 뇌 발달이 그 시작이다. 인간의 뇌에는 수많은 뉴런이 있고, 이 뉴런은 각기 수많은 수상돌기를 가지고 있으며 뉴런을 연결 짓는 총 시냅스의 개수는 어마어마하다. 그리고 우리는 태어날 때 대부분의 신경세포를 가지고 태어난다. 신생아의 뇌에서 가장 활발한 영역은 1차 감각운동 영역, 시상, 뇌간, 소뇌, 해마 등이다. 태어난 지 2~3개월이 지나면 측두엽, 1차 시각피질에서도 활발한 활동을 하고, 생후 12개월 전까지 전두엽의 활동이 증가한다.

생후 5년 동안은 시냅스가 집중적으로 활동해 성인기까지 이어가지만, 노년기에 접어들면서 점점 쇠퇴한다. 즉 뇌 또한 우리와 동시에 태어나 활발한 활동을 하다가 점차 사그라드는 것이다. 그러므로 5세에게 맞는 학습 방법을 15세, 35세, 65세 모든 연령에 적용하는 것은 비효율적이다.

모든 학습은 뇌에서 이루어진다. 학습이란 단순히 새로운 것을 접하고 배우는 데서 그치지 않는다. 자고로 학습은 새로운 것을 익숙하게 만드는 전 과정을 의미한다. 그런데 이때 새로운 것을 배울 때 쓰는 뇌와 익숙한 것을 사용할 때 쓰는 뇌는 다르다. 무엇인가를 배우는 초기에는 우반구가 주도하지만 어느 정도 진행되어 습관에 이르면 좌반구가 주도한다.

그리고 이러한 반복은 컴퓨터 게임을 하는 초보자의 뇌와 전문가의 뇌에서도 나타났다. 초보자는 주로 우반구를 쓰지만, 전문가는 이미 능숙해 좌반구를 사용하는 것이다. 이러한 점은 학습에 있어 반복과 연습이 중요하다는 점을 보여준다. 반복 학습을 통해 뇌신경 회로가 동기화되어 궁극적으로 뇌를 효율적으로 사용하는 데 있다.

그렇다면 우리가 전 생애에 걸쳐 학습할 때 뇌는 어떻게 반응하는지 알아보도록 하자.

언어

언어 산출과 이해 등 언어 학습과 관련된 뇌과학 연구는 읽기 장애 같은 분야에서 집중하고 있다. 언어처리를 주로 하는 영역은 좌반구 중에서도 측두엽이다. 난독증 같은 읽기 장애가 있는 아동이나 청소년은 장애를 보완하기 위해 읽는 도중에 우반구를 많이 쓰는 경향이 있다. 글을 읽는 것을 수월하게 해내는 비장애인과 달리 처음 배울 때처럼 '노력해야'하는 것이다. 또한 음운기술 훈련을 받을 때 우반구의 활성화가 줄어들고 좌반구 측두엽과 두정엽 영역이 활성화되었다. 이러한 발견은 발달적 난독증 아동을 치료하는 데 유용한 자료가 된다.

새로 배운 것과 익숙한 것을 사용할 때 드러나는 차이가 또

있다. 외국어를 습득하는 과정을 연구한 결과, 아동기에 외국어를 습득한 사람은 외국어를 처리하는 과정이 모국어를 처리하는 부분과 동일하게 활성화되었다. 반면 성인기에 습득한 사람은 모국어를 처리하는 부위가 다른 곳이 활성화되었는데, 이는 우리가 주로 말하는 '조기교육의 중요성'을 과학적으로 설명하는 결과다.

수학

언어를 주로 도맡는 부위가 있듯이 뇌에는 수학 개념과 관련한 부위가 따로 있다. 수학적 연산과 관련해 두정간구, 실비우스, 방추회 영역 등 우리가 처음 들어보는 영역이 연관되어 있다.

이러한 영역은 각자 숫자의 크기를 비교할 때, 근사값을 추정할 때, 두 자리 숫자의 덧셈이나 뺄셈 등 연산을 할 때 활성화되었다. 특히 좌반구의 두정엽 부분은 손가락을 이용해서 숫자를 셀 때와 관련이 있다는 주장이 나왔다. 발달적인 측면에서 모든 인간은 셈을 배울 때 손가락을 쓰는데, 이러한 손운동은 발달 과정에서 초기 학습의 흔적이 아니냐는 의견이다.

물론 복잡한 연산을 할 때는 또 다른 부위가 활성화한다. 세 자리 숫자의 연산을 할 때는 두 자리 덧셈을 할 때와는 달리, 우반구의 각회와 두정간구가 활성화 된다.

그런데 신기한 점은 잘못된 연산을 할 때와 올바른 연산을 할 때 각각 뇌의 다른 영역이 활성화 한다는 점이다. 이는 곧 오답을 낼 때 뇌는 부가적인 또 다른 처리를 한다는 것을 의미한다. 이때 만약 재계산을 통해 부가적인 처리를 한다면 한 번 더 계산하는 셈이니, 올바른 계산을 할 때와 똑같은 부위가 활성화 해야 하는데 그렇지가 않았다. 반면 숫자를 계산하면서 기억과 관련된 부분이 활성화 되기도 했다. 이는 곧 잘못된 답을 수정하고자 이제껏 암산한 결과를 저장한 것일 수도 있다는 여지를 둔다.

사고력

사고력이란 뇌의 기능을 가장 단적으로 표현하는 단어다. 그만큼 인간의 고차원적이고 독보적인 영역이자 기능이 곧 '중앙집행기능'이라는 것이다. 주의를 집중하고, 여러 자극 중에서 집중해야 할 것을 선택(우선순위 결정)하는 것 등은 '상위 인지기능'을 뜻한다.

상위 인지란 수많은 정보를 조절하는 기능이다. 이러한 기능은 많은 가치관 중에서 중요도의 비율을 조절해 갈등을 해결하고, 실수를 탐지하는 등에 관여하는데, 주로 전전두엽이 관련되어 있다. 카페에서 노래 소리가 들리고, 노트북으로 일을 하면서, 여러 사람이 주고받은 대화 속에 자신의 관심사 혹은 이름이 귀에 꽂히는 것이 바로 '선택적 집중'이다.

정서

정서가 미치는 영향은 비단 기분뿐만이 아니다. 긍정적인 정서는 물론, 스트레스나 불안 같은 정서는 인지 과정과 사회적 판단에도 많은 영향을 준다.

학습하는 과정에서 스트레스를 받으면 무기력감이나 피로감을 불러일으키고, 사고력인 필요한 상황을 되도록 회피하고 싶어지게 만든다. 실제로 우울증 환자는 해마가 위축되어 있고 전두엽의 활동이 적다. 즉 '기분파'인 사람이 단지 기분 문제에 그치지 않고 행동으로 나타나면 문제 해결에도 어려움을 겪는다. 그리고 증상이 심해지면 치료를 받아야 한다.

스트레스가 많은 상황에서는 정보를 받으면 시상과 편도체를 통해 대뇌에 전달한다. 이러한 과정에서 단순한 사실적인 정보를 외우는 데에는 문제가 없지만 창의적인 사고는 어렵다. 즉 복잡하고 고차원적인 사고를 하려면 스트레스가 적어야 한다는 것이다.

그런데 스트레스가 없는 학습 환경이 마냥 좋은 것만은 아니다. 학습해야 할 내용이 복잡하고 새로울 때는 스트레스가 적은 것이 좋지만, 간단하거나 반복된 학습을 할 때는 스트레스가 적당히 있는 편이 오히려 수행 효과가 더 좋았다.

반대로 긍정적인 정서는 학습과 기억을 촉진한다. 심지어 학습자가 스스로 선택할 수 있을 때, 즉 '자기주도학습'과 같은 환경일 때는 스트레스가 높더라도 고차원적인 사고를 할 수 있었다. 스스로 주도권을 가지고 있고 조절할 수 있을 때 전두엽과 전대상회가 활성화되며 도파민의 분비가 촉진되는 것이다.

이러한 결과는 곧 정서와 인지의 상호작용을 보여준다. 학습 과정에서 학습자가 열등감, 수치심, 불안을 느낄수록 학습력에 방해가 되고, 자신감, 행복 같은 정서는 학습을 극대화하는 것이다. 그런데 이러한 시사점은 곧 뇌 영역이 정서와 인지기능을 모두 담당하는, 곧 1인 2역을 한다는 것을 뜻하기도 한다. 그러므로 뇌의 기능과 정서를 분리하여 보지 않고, 하나의 시스템으로 간주하여 연구할 필요가 있다.

그렇다면 지능과 학습이 유의미한 관계가 있을까?

학습과 관련한 신경회로는 모든 사람에게 존재한다는 증거는 많지만 뇌는 개인마다 달라서 이를 통계학적으로 보이기는 힘들다. 단순히 결과가 그러하다고 해서 '지능이 높을수록 학습을 잘한다.' 라는 결론을 낼 수 없는 이유는 실험에 영향을 주는 요인이 많기 때문이다. 성별, 나이, 집안 환경, 학습 분위기, 교우관계 등이 있지만 그중에서도 학습할 때 가장 많이 고려해야 할 개인차가 바로 지능이다.

  지능이 높은 사람과 낮은 사람은 뇌 활성화 패턴에서 차이가 많이 난다. 지능이 낮은 사람은 뇌의 많은 영역을 써서 문제를 해결하지만 지능이 높은 사람은 상대적으로 뇌를 적게 사용하면서도 문제를 해결한다. 즉 과제가 어렵지 않을 때는 지능이 높은 사람이 뇌를 더 효율적으로 쓰는 것이다.

뇌 기능을 저하하는 뇌흐림 습관

코로나가 불러온 브레인 포그(brain fog·뇌흐림)

뇌흐림 현상이란 머릿속이 뿌옇고 마치 안개가 낀 것처럼 정신이 흐릿하고 멍한 느낌이 드는 것을 말한다. 대부분 집중력·기억력 감퇴, 식욕 저하, 피로감, 우울증 등을 동반하며, 이 증상이 방치되면 치매 위험이 커지는 것으로 알려져 있다.

최근에는 코로나-19 확진자들이 브레인 포그를 겪었다며 후유증의 일종으로 호소하고 있다. 코로나-19 바이러스가 뇌와 혈액 사이에 있는 혈뇌장벽을 통과해 인지장애를 일으킬 수 있으며, 관련 증상은 코로나-19가 트라우마로 작용한 외상 후 스트레스장애(PTSD)일 가능성이 있다는 연구 결과가 있다.

코로나-19 바이러스가 정확히 어떤 염증을 일으키는지는 현재 알 수 없지만 확실한 것은 코로나 검사를 했을 때 더는 양성이 뜨지 않더라도 예전처럼 머릿속이 깨끗하지 않을 수 있다는 점이다.

전염병이라는 주제를 다뤄 마치 코로나-19를 예언한 정도로 유사점이 많아 화제인 영화 '컨테이전Contagion'에 출연했던 배우 기네스 펠트로는 코로나-19에 감염됐다고 밝혔다. 기네스 펠트로는히면서 자신이 겪고 있는 증상에 대해 말했다. 그중 하나로 뇌흐림 현상을 꼽았다. 머릿속에 안개가 낀 것처럼 멍하다며 자신이 하는 생각을 제대로 말하지 못했다고 표현했다.

코로나 감염으로 인한 브레인 포그는 코로나에 대한 후유증 'PTSD(외상 후 스트레스장애)'의 영향과 '사이토카인 폭풍'의 뇌세포 공격을 원인으로 꼽는다. 감염으로 치료를 받으면서 스트레스가 쌓인 탓에 PTSD를 겪을 수 있다는 것이다. 또한 사이토카인 폭풍은 신경 염증이 더 이상 평상시처럼 뇌 활동을 보호하고 증진하는 작용을 하지 않고, 오히려 뇌세포를 손상하는 현상을 말한다. 다시 말해 염증반응이 지나쳐서 독이 되는 것인데, 이로 인해 뇌흐림 현상을 유발한다는 것이다.

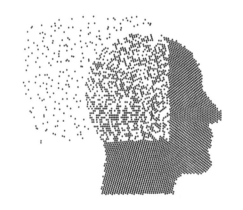

전문가들은 브레인 포그 현상이 일어나는 원인으로 스트레스 호르몬 '코르티솔'의 영향이 크다고 추측한다. 만성적인 스트레스는 뇌세포를 죽이고 기억과 집중, 학습 등에 영향을 미치는 전전두피질을 줄어들게 만드는 탓이다.

그런데 꼭 코로나에 감염되지 않더라도 브레인 포그 현상에 노출될 수 있다. 영국의 한 교수는 중국과 합동 연구에서 사회적으로 고립된 사람의 뇌는 편도체, 해마 등 여러 부위에서 용량 변화가 있다는 것을 발견했다. 교수는 이에 대해 일상생활에 지장을 줄 수 있을 정도라고 전했다.

팬데믹, 자가격리, 거리두기 같은 방역 조치가 오랫동안 이어지면서 사회적인 상호작용이 부족해지는 등이 원인으로 지목됐다. 하버드 의과대 허버트 벤슨Herbert Benson 교수는 심신의학의 권위자로, 현대의학으로 해결할 수 있는 질병은 우리가 알고 있는 질병의 25% 정도에 불과하다고 말했다. 허버트 벤슨 교수는 나머지 75%는 우리가 식습관을 개선하고 운동, 명상, 지압 등으로 자가치유할 수 있다고 주장한다.

허버트 벤슨 교수의 말은 틀리지 않다. 인간의 뇌는 적응력이 있어서 환경에 따라 새로운 세포를 만들어내거나 심지어 회로를 새롭게 바꾸기도 한다. 또는 우리의 생각에 따라 뇌의 기능이 변화할 수도 있다. 예를 들어, 학습과 기억력을 담당하는 해마는 신경 발생이 가장 활발하게 일어나는데, 그 다음으로 활성화한 곳이 냄새를 맡는 부위다. 우리가 이전까지 맡아보지 못했던 새로운 냄새를 맡으면 뇌세포는 이 냄새를 감별해 내는 새로운 뇌세포를 만들어낸다.

모든 신경섬유소는 우리가 죽을 때까지 함께 생존하지 않고 시간에 따라 필요가 없어지면 사멸한다. 최근 신경과학자들은 신경이 발생하는 속도를 높이고 신경세포가 생존하는 기간을 늘리는 방법을 찾아냈다. 우리는 이 방법을 두고 '두뇌 활성화 방법'이라고 부른다.

노화를 피할 수는 없지만, 최대한 늦출 수는 있다. 나날이 발달하는 의학기술은 늙어가는 사람의 뇌 노화 속도를 늦추는 것은 물론, 뇌세포의 재생도 가능하게 될 정도로 발달하고 있다.

심혈관 건강은 뇌를 건강하게 만드는 방법 중 하나다. 최근 연구에 따르면, 고혈압이나 콜레스테롤로 막힌 동맥과 염증 및 기타 심장질환들은 알츠하이머병과 혈관성치매에도 영향을 끼친다.

미국심장협회(AHA)는 심혈관 건강에 대해 주의해야 할 요인으로 7가지를 꼽았다. 혈압, 콜레스테롤, 혈당, 운동 수준, 다이어트, 체중, 흡연 상태가 그 요인이다. 그러므로 심혈관에 영향을 미치는 7가지 요인은 곧 뇌 건강에도 영향을 준다는 것이다. 또한 이 외에도 인지 능력과 뇌 건강에 영향을 주는 요인은 다양하다. 우울증은 치매와 연관이 있으며, 다른 사람과 의사소통하지 않아 고립되어 외로움을 느끼면 인지 저하를 유발한다. 또한 잦은 과음, 즉 알코올은 뇌 손상을 초래하며 수면장애는 뇌가 회복할 시간을 갖지 못해 인지 능력에 문제를 일으킨다. 전문가들은 불면증이 혈관성치매와 연관성이 있다고 말하며, 노화에 따라 청력이 떨어지는 것은 인지장애와 연관이 깊다. 통계적으로 교육을 적게 받을수록 인지 능력을 유지하는데 어려움을 겪는 것으로 나타났다.

브레인 포그를 일으키는 원인들 : 호르몬

코로나가 발병하기 전에도 브레인 포그를 호소하는 사람들이 종종 있었다. 즉 브레인 포그의 원인이 코로나-19 바이러스뿐만이 아니며, 다른 원인이 이전부터 존재했다는 뜻이 된다.

브레인 포그의 원인으로 호르몬 변화를 꼽을 수 있다. 임신하면 종종 나타나는 기억력 저하, 단기 인지장애는 호르몬 변화로 일어나는 흔한 증상이다. 남성 호르몬인 프로게스테론과 여성 호르몬인 에스트로겐의 수치가 임신으로 인해 급격히 높아지면서 나타나는 것이다. 갱년기에 접어드는 여성 또한 에스트로겐 수치가 하락하는 것이 건망증을 유발하고 집중력을 떨어뜨리는 원인으로 추측된다.

브레인 포그를 일으키는 원인들 : 스트레스

스트레스는 신체의 자연스러운 반응이기는 하지만 그 정도가 지나치게 심해지면 어떠한 지식이나 기술을 배우는 능력뿐만 아니라 다른 사람을 이해하는 능력도 저하할 수 있다.

하지만 바쁜 현대인의 삶에서 뇌는 과부하에 걸리기 쉽다. 교감신경의 흥분 상태가 이어지면 뇌 혈류가 정상적으로 흐르지 못하게 되고, 뇌에 혈액이 부족해지면 뇌세포가 손상될 수 있다. 뇌 독소가 유해한 물질을 증가시키기 때문이다. 그리고 이는 스트레스 자체가 된다.

화가 나거나 슬플 때 나타나는 스트레스는 기억력을 떨어뜨린다. 스트레스 호르몬인 코티졸이 분비되어 단기기억뿐만 아니라 장기기억력과 학습을 관장하는 해마를 손상시킨다.

대구경북과학기술원(DGIST) 연구팀은 동물실험 결과 스트레스를 겪은 생쥐는 해마 부위에서 새로운 신경세포가 태어나는 '성체 신경발생'이 줄어드는 현상을 발견했다. 또한

코티졸이 다량 분비되면 가볍게는 편두통, 어지럼증, 이명을 겪을 수 있고, 심한 경우 우울증과 치매로 발전하기도 한다. 또한 아드레날린이 지나치게 분비되면 불안, 우울, 불면증, 자가면역질환에 노출될 수 있다.

이렇듯 뇌가 스트레스를 받기 시작하면 특정 신경전달물질을 분비해 심장박동을 빠르게 만들고 말초혈관을 수축시킨다. 이는 곧 고혈압에 노출되도록 한다. 스트레스가 뇌로, 뇌가 몸으로 서로 나쁜 영향을 주는 것이다.

지나친 스트레스는 우리 뇌를 늙게 만들기도 하지만 단기적으로도 나쁜 영향을 미친다. 스트레스를 받으면 집중력이 떨어지고 우울하거나 신경과민으로 이어질 수 있다. 그러므로 평소에 충분히 휴식을 취하며 취미생활을 만들어 스트레스를 해소하려는 노력을 해야 한다.

가장 확실하게 스트레스를 푸는 방법은 잠을 자는 것이다. 낮잠 정도로 짧은 수면이라도 도움이 된다. 하지만 낮잠을 30분 이상 자면 오히려 머리가 무거워질 수 있어서 낮잠으로는 30분을 넘지 않는 것이 좋다. 가장 좋은 수면은 밤에 한 번에 깊은 잠에 빠지는 것이다.

브레인 포그를 일으키는 원인들 : 운동 부족

바쁘다는 핑계로 산책 한번 하지 않으면 곧 브레인 포그로 이어질 수 있다. 바쁜 일상 중에서도 가볍게 걷기, 조깅, 경보 등 가벼운 유산소운동을 하면 한결 몸이 가볍고, 고강도 운동을 마치면 묘한 쾌감을 느낄 수 있다. 성취감이라는 추상적인 단어로 부르는 이 감정은 뇌신경내분비물이 행복감을 느끼게 하고 긍정적인 감정을 느끼게 한다. 즉 운동은 과학적으로 입증된 '뇌에 좋은 활동'이라는 것이다.

운동

유산소운동은 스트레스를 푸는 동시에 뇌에 산소와 영양이 잘 공급되게 만든다. 우리가 발을 효율적으로 써서 걸으면 발바닥을 통해 뇌로 자극이 전달되어 뇌까지도 활동적으로 만든다. 걸을 때는 뒤꿈치가 아니라 발끝에 체중을 실어서 걷는 게 좋다.

영국 린던대학의 마이클 워즈워스 교수 연구팀은 약 1,900명의 36세 성인들을 대상으로 운동과 인지 능력의 관계를 17년 동안 추적 조사했다. 그 결과, 대상자들이 43세와 53세가 되었을 때 비교를 해보니 주 2회 이상 꾸준히 운동한 성인들은 운동하지 않은 대상자에 비해 기억력 감퇴가 느리게 나타났다.

그런데 중요한 점은 36세나 43세 이후에 운동을 시작한 대상자들은 중간에 운동을 중단한 사람들보다 53세가 되었을 때 기억력이 더 높았다는 점이다. 즉 꾸준한 운동은 나이와 관계없이 인지기능에 도움을 준다는 것이다.

연령별로 운동을 추천하자면, 20~30대는 1주일에 3회 이상, 최소 30분에서 1시간씩 땀이 흐르거나 숨이 찰 정도로 조깅, 자전거 타기 등을 하는게 좋다. 단순히 걷는 것은 젊은 연령층에게 충분한 운동으로 작용하지 않기 때문이다. 무산소운동은 되도록 여러 가지를 경험해보는 게 좋다. 스쿼트, 플랭크, 필라테스, 요가는 물론, 헬스, 클라이밍 등 특별한 질병이 없다면 자신에게 맞는 운동을 찾아가는 과도기로써 다양한 운동을 경험해 보아야 한다.

30~40대는 마찬가지로 1주일에 최소 3회 이상, 30분 이상씩 운동하는

게 좋다. 평소 운동을 하지 않았다면 갑자기 몸을 쓰는 활동이 오히려 몸에 무리를 줄 수 있으므로, 몸을 푸는 것부터 시작하여 조금씩 운동량을 늘려야 한다. 강한 유산소운동보다는 배드민턴, 등산, 수영, 댄스스포츠나 에어로빅 등 대체로 취미활동을 병행한 활동을 추천한다. 본인 체력의 80%를 쓰고 있다고 느끼는 정도가 적절하다.

근력운동은 필라테스, 요가 등 유연성을 바탕으로 한 운동이 좋고 적당한 기구 운동도 도움이 된다. 특히 40대 이상 여성은 골밀도가 감소하기 때문에 근력운동이 필수다.

반면 50대 이상은 1주일에 3회, 20분 이상씩 운동하기를 권유한다. 체력이 떨어지는 시기에 접어들기 때문에 지나친 운동보다는 하루 30분씩 걷기, 뛰기, 산책, 맨손체조 등 가벼운 활동이 좋다. 특히 60대 이상은 운동을 본격적으로 시작하기 전에 의사와 상담하여 퇴행성관절염을 부추기는 달리기 등 부상의 위험을 높이는 운동은 피해야 한다.

근력운동은 단순한 팔굽혀펴기, 앉았다 일어서기 등 체조에 가까운 것이 도움이 된다. 또한 노인의 경우 한 번에 20분을 다 쓰기보다는 10분씩 두 번에 걸쳐서 운동하는 게 좋고, '조금 힘들다.' 라고 느끼는 강도가 적당하다.

브레인 포그를 일으키는 원인들 : 당분

당분은 당뇨병과 심장질환 등, 다양한 질병을 일으키는 원인이다. 당분을 지나치게 섭취하면 BDNF를 덜 생산하게 된다. 즉 새로운 지식을 습득하는 것이 더뎌지게 된다.

미국 캘리포니아대학교 로스앤젤레스 캠퍼스 연구팀에 따르면 과당이 많이 함유된 식단은 뇌를 손상한다. 연구팀이 실시한 실험에서 과당을 섭취한 실험쥐는 뇌의 시냅스 활성에 손상을 입었고, 뇌세포 간의 소통 또한 영향을 미쳤다. 특히 가공식품에 첨가된 액상은 뇌에 좋지 않은데, 뇌에 좋은 오메가-3 지방산과 함께 섭취하더라도 액상 과당을 전혀 섭취하지 않았을 때보다 더 기억력이 떨어지는 결과를 보였다.

식습관

과식을 하는 것은 혈압을 높이기도 하지만 두뇌 활동을 떨어뜨리기도 한다. 나쁜 식습관에는 단순히 많이 먹는 것뿐만 아니라 지나치게 짜게 먹는 것도 포함된다. 필요 이상의 염분은 혈압을 올리며, 당분 과다 섭취 또한 혈관을 손상할 수 있으므로 너무 달거나 짜게 혹은 탄수화물 위주의 식사도 피하는 게 좋다.

또한 특히, 뇌 건강에 좋은 식습관은 세끼를 규칙적으로 먹되 채소와 과일을 다양하게 섭취하고, 국물보다는 건더기 위주로 먹으며 물을 충분히 마시는 것 등이다. 더불어 가공육, 튀김류보다는 두부, 콩류, 생선과 우유, 견과류 등을 섭취하는 편이 좋다.

나쁜 식습관, 여기서 나쁘다는 것은 역시 포화지방, 육식 위주의 식습관을 이야기한다. 육류에 함유된 포화지방, 인스턴트식품에 많이 들어 있는 수소화 지방은 혈관을 빨리 늙게 만들어 뇌의 노화를 유발한다. 특히 설탕, 당분이 많은 음료수, 과자, 아이스크림과 방부제가 들어간 식품도 뇌의 기능을 저하한다.

바트 에겐 네덜란드 흐로닝언대학 신경과학과 교수팀은 저지방 식단으로 실험한 결과, 쥐의 뇌에서 미세아교세포가 활성이 되지 않아 뇌 노화를 억제했다는 사실을 확인했다.

연구팀은 쥐를 두 그룹으로 나누어 생후 6개월간 각각 고지방과 저지방 먹이를 배급한 후, 미세아교세포가 얼마나 염증을 유발했는지 비교했다. 그 후에는 해당 그룹 안에서 다시 두 그룹으로 나누었다. 한 그룹에는 18개월 동안 평소 식단 열량의 40%로 줄이는 동시에 운동을 시켰고, 다른 그룹은 식단조절 없이 운동만 시켰다. 그리고 그 결과, 오직 저지방 식단과 운동을 병행한 그룹에서만 염증이 완화됐다는 사실을 알아냈다. 염증에 관해 식단이 운동보다 더 큰 영향을 미치는 것이다.

브레인 포그를 일으키는 원인들 : 멀티 태스킹

동시에 여러 가지 일처리를 하는 것을 멀티 태스킹이라고 부르며, 흔히 멀티 태스킹을 하는 사람을 유능하다고 여긴다. 하지만 실제로 멀티 태스킹은 뇌에 좋지 않은 행동이다.

TV를 보면서 서류를 작성하거나 음악을 들으면서 업무를 하거나 그와 동시에 메신저로 약속 일정을 잡는 등 한꺼번에 많은 일을 하면서 담배를 피우는 것은 수면이 부족할 때와 마찬가지로 지능지수를 떨어뜨린다.

전방 대상피질은 여러 정보를 모아 문제 해결 방법을 찾는 부위로, 흔히 말하는 통찰력과 창의적인 생각을 담당하는 부분이다. 하지만 멀티 태스킹은 인지반응 및 대응을 짧은 시간에 여러 번 반복하게 되므로 전방대상피질이 기능할 시간을 없애버리고 이로 인해 크기까지 줄어들게 만든다.

실제로 영국 서섹스대학 연구팀의 실험 결과에 따르면, 여러 전자 기기를 동시에 사용하는 멀티 태스킹을 했을 때 전방대상피질의 크기가 줄어든 것을 확인할 수 있었다.

멀티 태스킹은 뇌에 좋지 않은 행동이다.

브레인 포그를 일으키는 원인들 : 수면 부족

인간은 하루 24시간 중 잠을 자는 데 20~30%의 시간을 쓴다. 하루 6시간을 잔다고 계산했을 때, 80년 수명 가운데 20년 세월을 잠으로만 보내는 셈이다. 전문가들이 권장하듯이 하루 7시간씩 잠을 자면 인생의 3분의 1을 잠에 써야 한다.

"잠이 보약이다." 라는 말은 그만큼 중요하기 때문에 나온 말이다.

잠은 장기기억을 형성하고 내 기억의 학습을 복습하며 대사과정에서 쌓인 노폐물을 청소하는 일들을 한다. 하지만 지금의 우리는 디지털의 세계와 미디어의 환경에서 늦은밤 ,정신적 한계를 시험하듯이 밤을 지새워 뇌의 한계를 시험한다.

연구에 따르면 수면부족은 전전두엽피질과 뇌의 감정 처리 네트워크에 불안전한 연결로 과민한 행동과 정서적 불안감을 형성한다. 또한 퇴행성 신경질환 및 정신장애와도 연계되므로 올바른 수면패턴을 유지하여야 한다. 수면이 부족하게 되면 멜라토닌 호르몬의 불균형으로 생체리듬이 무너지고 브레인 포그가 발생한다.

브레인 포그를 개선하기 위한 방법

흡연

산소가 부족해지면 가장 피해를 많이 입는 부위는 뇌다.

담배를 피우면 뇌혈관이 수축하면서 뇌로 가는 혈액량이 줄어들게 된다. 혈액량이 감소하면 혈중 일산화탄소 농도가 짙어지면서 뇌는 산소를 공급받기 힘들어진다. 이로 인해 뇌세포는 손상을 입는데, 이뿐만 아니라 담배를 피울 때 나오는 유해물질과 활성산소가 피해를 지속시킨다.

활성산소는 섭취한 음식물이 소화되고 에너지를 만들어내거나 혹은 우리 몸 안에 들어온 세균 또는 바이러스를 없앨 때 만들어진다. 몸 안으로 들어간 각종 영양소들은 산소와 결합할 때만 에너지로 바뀌는데, 이때 만들어지는 부산물이 바로 활성산소다. 활성산소를 일으키는 요인은 육식 위주의 과식, 과음, 인스턴트식품 섭취, 스트레스, 환경오염 등으로 다양하다.

대인관계

다소 의외일 수 있는 치매 예방법은 대인관계를 맺는 것이다. 타인과 상호작용하는 것은 뇌를 젊게 만드는 방법이며, 반대로 홀로 지내는 것도 뇌의 노화를 부추기는 행위다.

사회활동은 신경세포 간의 연결을 활성화하고, 두뇌를 자극해 치매를 예방하는 데도 도움이 된다. 그러므로 모임이나 취미생활을 함께하는 동호회 활동 등에 적극적으로 참여하는 게 두뇌 건강은 물론 외로움과 우울증 예방에도 좋다.

새로운 자극

우리 뇌의 신경세포는 자극을 받지 않으면 정보를 전달하는 기능이 필요 없다고 생각해 스스로 사멸한다. 나이가 들면 이전보다 운동량이 줄어들게 되고, 의지를 갖고 도전하기가 힘들어진다. 하지만 매일 같은 생활 활동을 반복하기만 하면 뇌가 몸보다 먼저 늙을 수 있다. 그러므로 새로운 자극은 나이와 관계없이 늘 필요하다.

뉴로빅neurobics이란, 뇌신경세포인 뉴런과 에어로빅을 합친 합성어다. 호기심이 노화의 방지라는 말이 있는데, 그만큼 항상 새로운 것을 배우고 익숙하지 않은 것에 도전하는 게 뇌 건강에 도움이 된다.

실제로 평소에 하지 않던 일을 할 때는 기억력과 관련 있는 전두엽이 활성화된다. 전두엽이 활성화되면 뇌 전반의 노화를 늦출 수 있다. 예를 들어, 눈을 감고 밥을 먹거나 식사를 할 때 음식 냄새를 하나하나 맡아보기 또는 평소에 쓰지 않던 손으로 양치를 하는 것 등 다소 우스운 방법이지만 낯선 행위가 뇌를 자극하는 데 도움이 된다.

서유헌 가천대 뇌과학연구원장은 실험쥐를 두 그룹으로 나누어 서로 다른 환경에서 생활하도록 만들어 환경과 뇌 활성화를 연구했다. 한 그룹은 공간도 넓고 장난감이 있는 환경에서, 다른 그룹은 장난감이 없는 좁은 방에서 지내도록 했다. 실험 결과, 자극적인 요소가 많은 환경에서 자란 쥐는 신경세포의 수가 유지되고 기억력이 좋아진 반면, 아무것도 없는 방에서 지낸 쥐는 신경세포가 파괴되고 기억력이 떨어졌다.

뇌는 말이 되지 않는 상황이나 불안감이 드는 조건에서 활성화한다.

미국 캘리포니아대학교 산타바바라 캠퍼스 심리학과 연구팀은 「심리과학(Psychological Science) 저널」 학술지에서 기상천외한 내용의 이야기를 읽은 사람은 그렇지 않은 사람보다 정보를 분석하거나 새로운 패턴을 배우는 능력이 2배 이상 향상됐다고 밝혔다. 즉 비일상적이고 황당하고 예측하지 못한 상황을 맞닥뜨리면 뇌가 활성화된다.

생각지 못한 방향으로 전개되는 영화를 보거나 초현실주의 작품을 감상하거나 낯선 곳에서 문화를 경험하고 충격을 받은 사람들은 문제 해결 능력이 향상한다.

그림 그리기

캐나다 워털루대학 연구팀은 대학생과 노인에게 각각 단어 30개를 보여준 뒤 기억력을 측정하는 실험을 했다. 실험 참가자들은 단어를 여러 번 써 보거나 단어에 맞는 그림을 그리거나, 단어의 특징을 나열하는 등 총 세 가지 방식을 이용해 단어를 외웠다.

그 결과, 대학생과 노인 모두 그림을 그려서 외웠을 때가 다른 방식을 썼을 때보다 더 많은 단어를 기억했다. 그림을 그리면 시각적, 공간적, 언어적 요소와 그리는 행위로 인한 운동적 요소가 모두 활성화되기 때문이다.

손 운동

인간이 포유류와 구별되는 점은 많다. 사고력, 창의력, 응용력 등 다양하지만, 신체 가운데 특이점은 '손'이다. 영장류 가운데에서도 인간은 특히, 손을 자유자재로 사용하며 이러한 능력으로 여러 도구를 쓰고 개발했다.

신체 곳곳에 명령을 내리는 우리 뇌의 대뇌피질은 자신의 30%를 손에 쓰고 있다. 그다음으로 혀, 얼굴에 많이 할애하는데, 손에 할당하는 양이 압도적으로 많다. 그만큼 손은 뇌와 연관이 깊다.

예방법으로 손동작이 새롭게 떠올랐다. 뇌와 손은 떼려야 뗄 수 없는 관계인데, 뇌의 발달 시기부터 손으로 셈을 하는 것이 본능인 만큼 반대로 손을 움직이며 뇌의 활성화를 도울 수가 있다.

이러한 뇌 기능을 도와줄 방법으로 손 근육을 풀어주는 방법이 있다. 손가락을 차례대로 하나씩 접고 펼치기, 힘을 빼고 가볍게 손을 털기, 갓난아기가 '잼잼'을 하듯이 손바닥을 꽉 쥐었다가 펴기를 반복하기, 한 손은 꽉 펴고 반대쪽 손은 주먹을 쥐기, 손끝과 손바닥, 손목으로 박수치기 등이 있다.

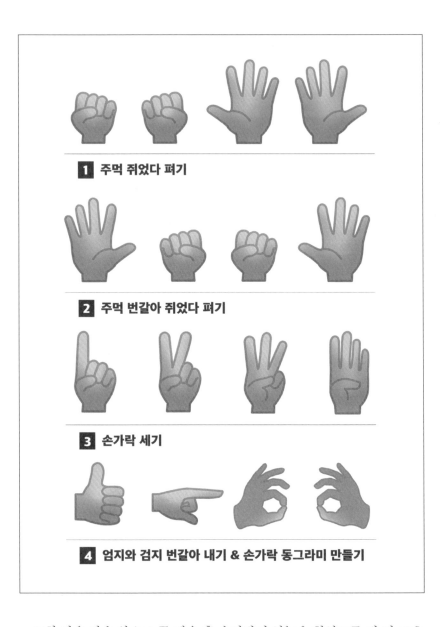

1 주먹 쥐었다 펴기

2 주먹 번갈아 쥐었다 펴기

3 손가락 세기

4 엄지와 검지 번갈아 내기 & 손가락 동그라미 만들기

또한 팔을 가슴 앞으로 쭉 뻗은 후 손가락이 하늘을 향하도록 편 뒤 10초 간 유지하고, 다시 손가락을 아래로 늘어뜨린 뒤 10초를 유지하는 동작도 도움이 된다. 특히 양 손가락 끝을 서로 부딪치는 동작은 혈액순환을 돕고

손 스트레칭을 통해 손가락 관절염 예방, 관절의 유연성 향상, 손 내재근 강화도 가능하다.

손을 이용한다면 어떤 운동이든 도움이 된다. 예를 들어 자수 놓기, 종이 접기, 그림 그리기, 서예 등 손가락과 더불어 즐거움을 느낄 수 있는 취미 활동이 가장 좋다.

이처럼 손운동을 통해 손을 자주 움직이면 뇌 혈류량이 증가하여 뇌의 노화 속도를 늦출 수 있다. 뇌졸중으로 일부 기능이 마비된 환자는 실제로 재활 치료를 할 때 손과 발을 자극하는 운동을 하는 이유가 여기에 있다.

또한 손의 힘과 관련한 새로운 연구 결과가 있다. 무술 고수들이 맨손으로 벽돌을 부수는 데에는 단순히 힘의 문제가 아니라 뇌와 관련이 있다는 연구 결과가 나왔다. 이는 영국의 BBC 뉴스에서 전한 내용으로, 영국 임페리얼 칼리지 런던대 연구팀이 해당 연구를 「세리브럴 코르텍스(Cerebral Cortex · 대뇌피질)」지에 실었다고 밝혔다.

연구팀은 가라테 고수와 일반인 중에서 힘이 센 사람의 주먹 힘을 비교했다. 그리고 그 결과 가라테 고수가 벽돌을 부수는 것은 단순한 근육 문제가 아니라 어깨와 손목이 최고 속도를 낼 수 있는 순간을 맞추어 가속도를 높이는 것으로 밝혀졌다.

연구팀은 실험 참여자의 힘을 비교한 후에 뇌영상을 관찰했고, 주먹 힘이 센 사람들의 뇌백질 구조에서 변화를 볼 수 있었다. 단백질은 뇌의 정보처리를 담당하는 영역들이 서로 신호를 보내는 곳으로, 가라테 훈련을 오래 받은 사람일수록 큰 변화를 보였다.

연구팀의 책임을 맡은 에드 로버츠는 고수가 주먹을 내려치는 동작을 반복적으로 조율하는 기술을 초보자는 따라갈 수 없다며, 소뇌 내부의 미세한 신경 연결부와 관련이 있는 기능이라고 전했다. 다시 말해, 가라테 훈련을 거치면서 뇌 활동이 변화하는 동시에 구조에도 변화가 일어난다는 것이다.

목과 어깨 풀기

뇌는 여러 신체기관과 상호작용을 한다. 예를 들어, 위장에 문제가 생겼을 때 뇌는 위장운동을 담당하는 영역에서 정보를 받게 되고, 다시 위장으로 '복통'이라는 신호를 보낸다. 복통을 느꼈을 때 우리가 별다른 조치를 취하지 않아서 상태가 악화하면 다시 뇌로 신호를 보내는데, 그 신호는 어지럼증이나 두통으로 나타나게 된다. 이 두 가지 증상은 몸 어딘가에 이상이 생겼을 때 뇌에 신호를 보내는 대표적인 증상이다.

목 근육은 뇌의 혈액순환에 기여한다. 뇌 건강을 위해서는 목을 건강하게 해야 하는 조건이 필수적이다. 뇌와 몸은 목을 통해서 연결되는데, 심장의 혈액을 뇌로 보내 필요한 영양분을 운반하는 일종의 통로 역할을 한다.

그런데 목은 몸에 비해 좁아서 스트레스를 오래 받으면 교감신경이 흥분하게 되어 혈관이 좁아져 혈액순환에 문제가 생긴다. 결과적으로 '결린다.'라고 표현하는 목과 어깨가 굳는 증상이 나타나고 근육통으로 치부된다. 하지만 몸의 속사정은 다르다. 뇌로 올라가는 혈액과 내려오는 혈액의 흐름에 장애가 생긴 것이다. 심장에서 머리로 혈액을 내보내는 큰 혈관은 목 뒤를 따라 올라가는데, 어깨 근육이 경직되면 이 추골동맥의 흐름이 방해받게 된다. 그리고 혈액의 흐름이 나빠지면 혈관이 더욱 좁아지게 되고 뇌졸중의 원인이 될 수 있다.

외국어 공부

뇌를 자극하는 방법 중 하나로 외국어를 공부하는 것이라는 주장이 있다. 이중 언어를 쓰는 사람은 모국어만 구사하는 사람보다 치매가 발현할 확률이 낮다는 연구 결과가 나오면서 외국어를 공부하는 것이 두뇌 활동에 도움이 된다는 주장에 힘이 실리고 있다.

이러한 사실은 단순히 영어에만 지나지 않고 불어, 이를 둘 다 사용하는 지역, 힌두어 등 다양한 지역에서의 연구에서도 확인됐다. 특히 모국어를 사용할 때 활성화되는 뇌 영역과 외국어를 쓸 때 활성화하는 영역은 다른 만큼, 이중언어를 구사할 때는 동시에 다양한 영역에 자극을 주게 된다.

미국 켄터키대학교 연구팀은 2개 국어를 쓰는 노인은 모국어만 쓰는 노인보다 색깔과 모양을 구별하는 능력이 빠르고, 주의력 과제를 수행한 성적도 더 높다고 전했다. 또한 2개 국어를 해내는 노인이 똑같은 일을 하더라도 뇌를 덜 사용한다는 사실을 뇌 영상을 통해 밝혔다. 즉 2개 국어를 쓸수록 보다 효율적으로 일을 처리하는 것이다.

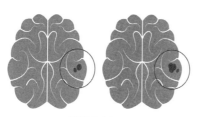

1개국어 구사자
영어를 들어도 한국어 영역에서 반응

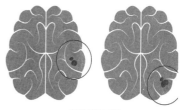

2개국어 구사자
영어가 독립해서 한국어와 별도 영역에서 반응

소리 내서 읽기

영어 단어를 외우는 방법은 각양각색이지만, 해당 단어를 한 번도 소리 내어 읽지 않고 외우는 것은 거의 불가능하고, 외운다고 해도 의미가 없다. 말을 하지 않고 책을 읽는 것을 '묵독'이라고 한다. 본래 우리 조상은 묵독 과 거리가 멀었다. '검을 현 누를 황'을 떠올리기만 해도 음정이 함께 읽히 는 것은 그만큼 소리 내어 읽는 교육인 음독이 널리 알려져 왔기 때문이다.

소리 내어 읽는 것은 글자를 눈으로만 조용히 읽는 것보다 뇌를 더 활발 하게 만든다. 언어의 의미를 이해하려 할 때와 생각하거나 기억할 때 활성 화하는 영역이 반응하기 때문이다.

일본의 도호쿠대학교의 가와시마 류타 교수는 음독의 중요성을 실험을 통해 알아냈다. 우리가 소리 내어 읽기를 할 때는 단순히 생각하는 일 한 가지만 하거나 글쓰기, 눈으로 읽기 등을 할 때보다 평균적으로 전체 뇌신 경세포의 70% 이상이 반응했다고 밝혔다. 이는 우리가 소리를 내서 읽으 면서 눈으로 글자를 본 후에 소리 내어 말하고, 다시 귀로 듣고 음파에 따 라 전신으로 읽는, 무려 4단계에 걸쳐 읽기를 할 수 있기 때문이다.

소리 내어 읽기는 교육계, 그 중에서도 아동을 대상으로 한 필수 교육이 다. 음독 프로그램의 효과를 보려면 되도록 조금씩 매일 읽는 게 좋다. 오 랜 시간 동안 한 번에 읽는 것은 아이가 힘들어 할 수 있으므로 20분 정도 가 적당하다. 또한 교과서를 소재로 할 때는 국어뿐 아니라 수학, 사회, 도 덕 등 모든 교과서도 적합하다. 소리 내어 읽은 글감은 부모와 이야기를 나 누는 게 사고력을 키우는 데 도움이 된다.

색깔 활용하기

두뇌와 색깔에 관한 연구가 지금도 많이 쏟아져 나오고 있다. 두뇌가 반 응하는 특정 색깔에 자주 노출되면 두뇌를 활성화하는 데 도움이 된다. 벽면 전체를 한 가지 색깔로 채우기보다는 작은 소품으로 포인트를 주는 게 도움이 된다.

빨간색은 상황에 따라 긍정적인 결과와 관련되지만, 일상생활에서는 부정적인 영향을 준다. 대개 빨간색은 두려움, 흥분과 관련이 있다. 색채 연구가인 줄리아 주는 빨간색이 신호등, 경고판, 비상 차량, 수정 펜 등 대부분 위험과 관련이 있기 때문이라고 설명했다.

하지만 경쟁과 관련지으면 빨간색은 오히려 성공과 어울린다. 2005년 영국에서 실시한 연구에서 2004년 아테네 올림픽 경기를 분석한 결과, 승리한 팀의 대부분은 빨간색 옷을 입었고, 이는 파란색 옷을 입은 팀보다 승리한 횟수가 더 많았다.

색채 전문가이자 실내 장식가인 린다 홀트는 빨간색이 호흡과 심장박동을 빠르게 만드는 색깔이라서 역동적이기 때문에 집중력을 발휘할 수 있지만, 같은 이유로 휴식을 취해야 하는 장소인 병원이나 침실에는 적당하지 않다고 덧붙였다.

녹색은 창의력과 관련이 있다. 독일 뮌헨대학 연구팀은 실험에 참여한 65명을 두 팀으로 나누어 흰색이나 녹색이 주로 나오는 스크린을 보여준 뒤, 평범한 물건을 제시하면서 쓰임새를 작성하도록 했다. 그 결과, 녹색 스크린을 주로 보았던 사람들은 흰색을 본 사람들보다 성적이 20% 높았다. 이 결과를 본 연구팀은 회색, 파란색을 추가해서 실험을 다시 실시했지만 녹색을 본 사람들의 성적이 더 높았다.

연구를 담당한 뮌헨대학 심리학자 스테파니 리히텐펠드 박사는 뇌가 자연에서 많이 보이는 녹색을 '성장' 또는 '발전'과 관련짓기 때문에 녹색이 창의성을 보인다고 설명했다. 성장을 추상적으로 생각하는 것만으로도 자기발전을 촉진해 뇌를 자극한다는 것이다. 박사는 녹색을 2초간 바라보기만 해도 충분히 뇌를 활성화할 수 있다고 덧붙였다. 마찬가지로 녹색식물을 근처에 두는 게 도움이 된다.

아침을 챙겨 먹자

뇌는 우리 몸 전체가 필요로 하는 에너지 가운데 20%를 혼자 쓴다. 뇌는 이 에너지 중에서 포도당을 쓰는데, 포도당은 기억력과 관련된 아세틸콜린이라는 신경전달물질을 증가시키는 역할을 한다. 그러므로 두뇌가 하루 동안 원활하게 활동하려면 탄수화물, 당류를 먹으며 포도당을 섭취해야 한다.

저녁 식사를 한 후에 다음 날 아침 식사를 하기 전까지 우리는 공복 상태가 된다. 뇌는 밤에도 꿈을 꾸는 등 쉬지 않고 일을 하기 때문에 아침이 되면 뇌는 에너지가 없어진다. 이를 채워 주는 것이 바로 아침 식사인데, 아침에 밥을 먹지 않으면 뇌는 공복인 상태로 점심 식사까지 기다려야 한다. 에너지원이 없는 뇌가 업무를 효율적으로 할 수는 없다. 뇌세포가 활동을 많이 할 수 없기 때문이다. 포도당을 섭취하지 못해 아세틸콜린을 제대로 분비하지 못하는 뇌는 당연히 집중력이 떨어지게 된다.

아침밥을 먹는 것과 뇌 활동성과의 연관성에 대한 연구 결과는 많이 나와 있다. 2002년 농촌진흥청은 아침 식사 여부와 수능성적 간 사이를 조사했고 매일 아침 식사를 한다고 응답한 학생들이 그렇지 않은 학생들보다 평균 점수가 20점 높은 것을 알아냈다. 2005년 미국 하버드 의대 매사추세츠종합병원 아동정신과 마이클 머피 교수의 논문에서도 이와 같은 결과가 있다. 연구 결과에 따르면, 규칙적으로 아침 식사를 하는 학생들이 그렇지 않은 학생들보다 숫자 암기력과 언어 구사력이 3% 더 높았다.

아침을 먹지 않으면 소화에 문제가 생기기도 한다. 서울대 의대 국민건강지식센터에 따르면, 공복 상태로 오랜 시간을 보내다가 점심시간이 되어서야 음식을 섭취하게 되면 소화를 위해 평상시보다 혈액을 더 많이 써야 한다. 여러 곳에서 쓰이는 혈액을 소화하는 데 많이 쓰면 뇌로 가는 혈액량이 줄어들어 두뇌 활동이 떨어질 수 있다.

명상

명상은 대중이 생각하기에 과학과 거리가 먼 활동이었다. 하지만 명상은 1993년 미국 국립보건원(NIH) 산하의 대체의학 연구소(OAM)에서 명상의 의학적 연구를 위해 공식적으로 연구비를 지원한 이후부터 끊임없이 과학적으로 연구되고 있다. 2005년에는 세계 최첨단과학학회의 하나인 '신경과학회(The Society for Neuroscience)'의 정례 학술발표회에서 티베트불교의 승왕이 기조연설을 할 정도였다. 강연의 주제는 '뇌의 가소성'이었고, 명상을 통해 뇌에 변화를 줄 수 있다는 것이 요지였다.

강연의 내용도 흥미롭지만, 신경과학회 학술대회에 불교 지도자가 초빙되어 명상을 소재로 강연을 했다는 것 자체가 놀라운 일이었다.

명상을 할 때 편안한 이유

흔히 명상을 하면 평안함을 느끼고 행복감도 상승한다고 한다.

감정이 뇌와 연관이 있는 것은 익히 알려져 있다. 그렇다면 명상이 뇌의 어떤 부위를 활성화하여 우리가 행복을 느끼도록 하는 것일까?

위스콘신대학의 리처드 데이비슨 박사 연구팀은 오랜 시간 명상을 수행한 티베트 승려 175명을 대상으로 뇌 영상을 활용하여 연구를 시행했다. 그 결과, '명상을 오래한 사람은 좌측 전전두엽이 우측 전전두엽보다 활동적이다.' 라는 사실을 알아냈다. 이때 좌측 전전두엽은 주로 행복, 기쁨, 낙천성, 열정과 관련되는 반면, 우측 전전두엽피질은 불행, 긴장, 불안, 우울을 관장하는 영역이다. 다시 말해, 명상을 하면 뇌에 있는 좌측 행복감이 더 활성화 된다는 것이다.

해외뿐만 아니라 국내에서도 명상과 뇌과학을 관련지은 연구가 많아지고 있다. 서울대학병원과 한국뇌과학연구원이 공동 연구한 연구는 뇌파진동명상을 통해 진행됐다. 연구팀은 명상을 규칙적으로 진행한 그룹이 그렇지 않은 그룹에 비해 스트레스가 줄어들고 긍정적인 감정을 자주 느꼈다는 사실을 전했다. 강도형 박사는 명상 숙련자와 일반 그룹은 스트레스 호르몬에서 차이를 보였고, 명상 숙련자는 스트레스를 조절하는 능력이 더 뛰어나다고 밝혔다.

혈액순환

삼성서울병원 심장혈관센터 홍경표 교수팀은 단전호흡을 할 때 혈액순환이 빨라져 같은 시간 동안 우리 몸 곳곳에 산소와 영양분을 더 많이 공급할 수 있다고 전했다.

해당 연구는 삼성서울병원 심장혈관센터 홍경표 교수팀이 주도했다. 연구는 1분 동안 숨을 10번 들이마시는 것을 반복하는 것으로 진행했다. 그 결과, 일반인은 대정맥 지름이 26% 줄었지만, 단전호흡을 오랫동안 해온 전문가는 대정맥 지름이 48% 줄어들었다. 단전호흡법으로 숨을

명상은 우리 뇌에게 어떤 영향을 미치는 것일까?

쉴 때는 무려 62%가 감소했다. 이는 곧 정맥에 있는 피를 심장으로 보내는 속도를 높여 혈액순환이 빠르게 이루어진 것이다. 혈액순환이 빨라지면 자연스럽게 산소와 영양분을 더 빨리 공급하게 되어 노폐물이 빠르게 배출되고, 콜레스테롤도 감소하는 효과가 있다.

해마 크기 증가

명상을 하면 뇌의 크기가 달라진다는 연구 결과가 있다. 뇌의 화학적인 반응뿐만이 아니라 물리적인 변화를 가져온다는 것이다.

미국 캘리포니아주립대 에일린 루더스 박사팀은 자기공명영상(MRI)을 통해 명상을 오래 한 사람들 22명과 그렇지 않은 사람 22명을 비교했다. 그 결과, 명상을 꾸준히 한 사람들은 대뇌, 해마, 안와전두피질 등 여러 부위의 크기가 보통 사람보다 컸으며, 이에 따라 기능도 좋다고 분석이 나왔다. 루더스 박사는 "명상을 하는 사람이 어떠한 과정을 통해 긍정적인 감정

을 느끼고 집중력을 발휘하는지 이 연구를 통해 짐작할 수 있다." 라고 전했다.

또한 미국 하버드대 의대의 심리학자 사라 라자 박사팀은 수행을 하는 사람이나 종교인뿐만이 아니라 일반 사람도 명상을 꾸준히 하면 뇌의 특정 부위가 두꺼워진다는 것을 알아냈다. 연구팀은 전문직에 종사하는 사람을 대상으로 하루 40분씩 두 달에서 1년 정도 명상을 하도록 한 후, 그 결과를 관찰했다. 그러자 대상자들의 뇌에서 행복을 관장하는 부위가 0.1~0.2mm 더 두꺼워진 것을 발견했다. 명상을 하는 사람의 뇌가 감정과 크기에서 변화를 나타낸 것이다.

또한 미국 오리건대 심리학과 마이클 포스너 교수팀은 실험 참가자에게 약 4주 동안 명상을 하도록 한 뒤 앞쪽 대상회피질의 백색질 부위가 두꺼워졌다고 발표한 바 있다. 해당 부위 역시 자기조절과 관련이 있는 부위로, 이 영역에 이상이 생기면 충동성 같은 정신질환의 증상이 나타날 수 있다.

실험을 주도한 탕 이유안 교수는 포스너 교수와 함께 게재한 논문에서 명상을 하면 뉴런에 맞닿은 축삭의 개수가 많아지고 지름이 커지며 이를 둘러싼 미엘린 막이 두꺼워진다고 전했다. 미엘린의 두께가 증가하면 신경 신호가 더 빠르고 정확하게 전달될 수 있다. 즉 명상을 통해 자기조절에 관여된 신경이 강화되고 안정화되는 것이다.

명상을 오래 한 사람과 상대적으로 짧게 한 사람의 뇌는 당연히 차이가 있다.

예일대 정신건강의학과 저드슨 박사 연구팀은 명상 숙련자는 정신질환과 관련된 뇌의 영역을 직접 관장할 수 있다고 전했다. 명상 숙련자와 명상 초보자를 대상으로 나누어 명상법을 수행하도록 한 뒤 뇌의 활동을 분석한 결과, 명상법이 어떤 종류든지 명상 숙련자는 자폐증과 정신분열증과 같은 정신질환과 관련된 뇌 영역(Brain's default mode)의 활동이 감소했다. 이는 곧 자신의 행동과 생각을 평가하는 일종의 모니터링 기능이 활성화되는 것과 같다. 하지만 명상 초보자의 영상에서는 이러한 현상이 관찰되지 않았다. 이를 두고 저드슨 박사는 정신질환은 자기만의 세상에 빠지게 되는 것을 몰두하게 되는데, 명상은 이러한 활동을 막아주는 것으로 보인다고 전했다.

장을 튼튼하게 만들기

최근 뇌염증과 우울증의 관계에 대해 가장 많이 알려진 것은 '뇌-장 상호작용' 이론이다. 뇌와 장이 서로 긴밀하게 영향을 주고받는다는 것이다.

장내세균은 사람의 몸속에 서식하는 미생물로, 당연히 장내 생리적 환경에 따라 작용하는 역할을 한다. 그런데 장내세균은 과도한 염증반응을 억제하는 일도 한다. 이때 장내세균이 뇌에 작용하는 핵심 기전이 바로 면역체계와 염증반응이다.

내장신경계는 미주신경을 다리 삼아 중추신경계와 직접 연결되어 있다. 즉 뇌와 장은 서로 신호를 주고받을 수 있는데, 만약 장에 염증반응이 일어나면 뇌는 미주신경을 통해 즉각 알아챌 수 있다.

2015년 국제「정신의학지(Psychiatric Research)」에는 장내세균이 뇌와 장 모두에 영향을 준다는 내용이 실려 있다.

과정은 다음과 같다. 정상 장내세균이 음식이나 항생제, 병원균 등을 원인으로 하여 균형이 깨지면 대장의 막에 틈이 생기면서 독성물질이 혈액으로 흘러들어가고, 장내세균은 두뇌조절물질(GABA · BNDF)을 제대로 만들어내지 못하게 된다. 이러한 두뇌조절물질이 감소하면 세로토닌 또한 제대로 분비되지 못해 우울증을 유발한다.

또한 프랑스 국립보건의료 연구소에서 발표한 연구에 따르면, 만성적으로 받은 스트레스는 장 미생물군에 변화를 일으키고, 뇌와 혈액에서 생성되는 칸나비노이드를 감소하게 만든다. 칸나비노이드는 마리화나의 주요 성분으로, 해마에서 칸나비노이드가 감소하면 우울증과 비슷한 행동이 나타난다.

연구팀이 기분장애 증상을 보이는 생쥐의 장 미생물군을 건강한 생쥐에 이식하자 건강한 생쥐도 기분장애 증상을 보였다. 연구팀은 실험쥐의 장에서 락토바실러스 군이 급격히 감소했다는 것을 발견하고 경구 치료로 보충하였다. 그러자 다시 대사산물 수치가 정상으로 돌아왔으며 우울증 행동 또한 감소했다.

기분장애란 기분이 심하게 변동되는 병이다. 즉 평상시와는 다르게 기분이 좋고, 과잉되어 있으며, 과도하게 활동적인 '조증 상태'를 보이거나 아니면 심하게 어둡고 침울해지는 '우울증 상태'에 빠지는 병으로, 대개 이 두 가지 상태가 번갈아 나타나곤 하여 '양극성 장애'라고도 불린다.

장과 뇌는 서로 연결되어 있고 무너지면 뇌에도 이상이 생겨서 심할 경우 우울증과 신경 퇴행을 일으킬 수 있다. 기관 한 군데에서 발발한 문제가 우울증을 일으킨다는 것은 무섭게 들리지만, 장이 건강하면 뇌 또한 건강할 수 있다.

뇌와 장의 상호작용을 배경으로 삼아 여러 건강식품이 출시되기도 했다. 프로바이오틱스도 그중 하나이다. 특히 장-뇌 상호작용에 작용해서 정신건강에 긍정적인 영향을 미치는 것들을 사이코바이오틱스로 부르기도 한다.

사이코프리바이오틱스는 정신(Psyco)+유익균(Probiotics)을 합쳐 사이코바이오틱스(Psychobiotics)라고 부른다.

사이코바이오틱스는 위와 장뿐만 아니라 정신적인 문제에도 관여하는 유산균을 의미한다. 뇌와 장과 미생물의 관계에서 미생물의 기분이 장에 영향을 주고 뇌에 영향을 준다는 연구는 이제 "장이 편하면 맘이 편하다"는 것을 입증하고 있다. 또한 마이크로바이옴과 뇌-장축이론을 통해 이 관계를 증명하고 있다. 장-뇌축에서 장내 미생물군의 역할을 프로바이오틱스와 프리바이오틱스를 통한 신경계 문제의 치료에 도움이 될 수 있는지 여부는 아직도 명확하게 입증되지는 않았지만, 장내 미생물의 활동은 뇌-장-미생물의 관계에서 미래의 맞춤형 의료 전략을 수립하는 데 필수적인 요소로 작용할 것이다.

프로바이오틱스는 생균, 유산균이라고 하며 프리바이오틱스는 장내 미생물의 활성을 촉진하는 복합 탄수화물이다. 장내 미생물에 변화를 주면 스트레스와 관련된 시상하부와 편도체에 영향을 주어 불안을 줄이며 다른 정신건강 문제도 영향을 주어 뇌의 부적절한(비알코올성 지방간질환 NAFLD), 염증성 장질환(IBD), 주의력결핍 과잉행동장애(ADHD), 자폐스펙트럼장애(ASD) 질환의 개선에 도움을 준다.

우리가 잠을 자는 동안 뇌가 하는 일

우리가 잠을 자는 동안 뇌가 하는 일 : 복습

최근 뇌과학 연구가 활발하게 진행되면서 수면이 뇌 기능에 미치는 영향이 다양하다는 것을 밝혀냈다. 그중에서도 특히, 활발하게 연구되는 것은 잠이 우리의 학습과 기억력에 관여한다는 것이다.

우리는 해가 떠 있는 시간, 즉 낮 동안 많은 것을 보고, 듣고, 느끼는데, 이러한 정보들은 뇌에 단기적으로 저장된다. 이때 정보들이 많거나 반복되는 경우에는 신경세포의 시냅스 강화가 일어나며 강화된 시냅스 속에 기억의 형태로 저장된다.

우리가 잠을 잘 때 뇌 또한 휴식을 취하고 있다고 알려져 있지만, 뇌는 사실 그 시간에도 운동하고 있다. 우리가 잠에 빠져 있는 동안, 뇌는 우리가 잠시 저장해 둔 기억을 담은 세포들과 시냅스를 다시 활성화한다. 일종의 복습을 하는 셈이다.

이렇게 재활성화된 시냅스들은 우리의 단기기억을 장기기억으로 만들어 오랫동안 유지하는 데 중요한 기능을 한다. 실험쥐가 잠을 자지 못하게 하거나 자는 동안 뇌의 신경세포들이 활성화되는 것을 방해했을 때 그 전 날 습득한 기억이 유지되지 않았다는 실험 결과가 이를 뒷받침한다.

종종 어릴 때 유독 잠을 많이 자는 아이들이 있다. 잠을 많이 자면 게으르다는 말을 듣기 십상이지만, 이런 아이들은 두뇌 발달이 다른 아이들에 비해 좋다. 일본신경과학회에 발표된 일본 도호쿠대 연구팀의 논문에서는 두 아동의 뇌 발달을 비교하고 있다.

연구팀은 2008년부터 4년 동안 290명의 건강한 어린이를 대상으로 평균 수면시간을 조사는 동시에 해마의 부피를 관찰하였다. 그 결과, 평균 수면시간이 10시간 이상인 어린이는 평균 수면시간이 7시간인 어린이에 비해 해마의 크기가 10% 더 큰 것으로 나타났다.

실제로 해마에서 생성된 학습정보가 대뇌피질의 전두엽으로 전달돼 장기기억으로 만들어 강화하는 과정은 주로 밤에 활성화된다. 이러한 사실은 '10시~2시는 뇌가 활발해지는 시간이므로 잠을 자야 한다.' 라는 말을 뒷받침하기도 한다. 적어도 어릴 때 아이가 잠을 충분히 잘 수 있도록 하는 것이 중요한 점은 확실하다.

해마가 우리의 복습을 돕는 동안 일어나는 또 다른 작용은 뇌의 신경세포 시냅스가 사라진다는 것이다. 기억을 강화하면서 시냅스가 사라진다는 것은 얼핏 모순처럼 들리지만, 기억이 잘 유지하려면 시냅스를 걸러 주는 작업이 필요하다. 시냅스는 무한정 생겨날 수는 없어서 더 이상 쓸모없는 시냅스는 적절히 삭제하고 걸러내야 새로운 정보를 받아들일 수 있다.

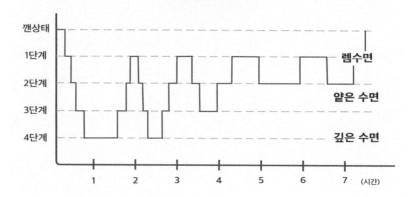

잠에는 크게 5가지 단계가 있다.

그중에서 렘REM 수면과 논렘Non-REM 수면은 익히 알려진 수면 단계이다. 렘수면은 'Rapid Eye Movement'의 약자로, 아직 눈을 움직일 수 있는 단계이며, 렘수면이 아닌 수면 단계는 모두 논렘수면이라고 부른다.

잠을 자는 동안 다섯 사이클은 계속 반복되는데, 다섯 단계마다 뇌파의 특징은 모두 다르다. 이 중에서 논렘수면 단계에서 필요 없는 시냅스가 삭제되고 살아남은 시냅스들은 강화되어 새로 배운 것들을 복습하고 기억으로 남는다.

우리가 자는 동안 뇌가 하는 일 : 청소

미국 보스턴 대학교 연구팀이 「사이언스Science」저널에서 뇌척수액과 관련한 발표가 있다. 이에 따르면 23에서 33세에 해당하는 성인 13명을 대상으로 수면 중 뇌 스캔을 실시한 결과, 뇌척수액이 뇌의 대사과정에서 쌓이는 노폐물을 제거하는 것으로 나타났다. 한마디로 뇌척수액이 뇌를 청소한다는 것이다.

국내 기초과학연구원(IBS) 혈관연구단 고규영 단장팀 또한 이에 대해 "뇌 하부에 있는 뇌막 림프관이 뇌척수액을 배출하는 통로"라고 밝힌 바가 있다.

연구진은 형광물질을 생쥐의 뇌척수액에 주입하고 뇌 구조를 살펴보았다. 그 결과 위치에 따라 뇌막 림프관의 구조가 다르다는 것을 확인했다. 또한 연구진은 MRI를 통해 구조를 분석하여 뇌척수액이 뇌막 림프관을 통해 중추신경계 밖으로 배출되는 것을 알아냈다.

이러한 뇌막 림프관은 뇌에 쌓인 노폐물을 내보내는 일종의 배수구 역할을 하는 것이다. 만약 베타 아밀로이드와 타우 단백질 같은 노폐물이 뇌에 쌓이면 뉴런 사이에 정보 전달의 흐름을 막을 뿐만 아니라 치매 등 퇴행성 뇌질환을 유발할 수도 있기 때문에 뇌척수액의 배출 기능은 특히, 중요하다.

우리가 자는 동안 뇌가 하는 일 : 전파

과학자들은 우리가 왜 잠을 자야 하는지에 대한 원인을 알아내기 위해 뇌 신경세포인 뉴런을 조사해 왔다. 그리고 마침내 뉴런 가운데 별 모양의 성상세포가 수면시간과 깊이에 영향을 미친다는 새로운 사실을 발견했다. 성상세포는 뇌세포의 약 25~30%를 차지하며 덩굴처럼 뇌를 뒤덮고 있는 신경교세포다.

성상세포는 그동안 혈액 내 이물질이 뇌로 들어가지 못하게 막는 혈뇌장벽을 유지한다고 알려져 왔지만, 수면과 관련해서 주목을 받은 것은 처음이다.

우리가 깨어 있을 때 우리 몸은 분리된 여러 신경 신호들이 오고 가지만, 잠을 잘 때는 뉴런의 신호들이 통합되는데, 해당 뉴런뿐만 아니라 성상세포가 신호를 통합하는 전환을 촉발하는 데 도움을 준다는 것을 발견했다.

미국의 신경과학과 연구원은 넓게 퍼져 있는 성상세포가 시냅스의 신호를 연결하여 하나의 통합된 네트워크로 기능할 수 있다고 전했다. 다시 말해, 성상세포는 뇌의 어느 곳에든 존재하기 때문에 뉴런의 동기화된 신호를 일으킬 수 있다는 셈이다.

성상세포로 수면을 조절할 수 있다는 것을 밝혀낸 키라 포스칸저 생화학 생물물리학 조교수는 "수면과 수면 조절 장애에 대해서도 새로운 관점이 될 수 있다." 라고 밝혔다.

연구팀은 성상교세포를 활성화하는 약을 실험쥐에서 투여한 뒤 뇌의 서파(가장 깊은 수면) 활성 상태를 관찰 추적했다. 그러자 뇌의 서파 활성은 지진계에 표시되는 지진의 진동과 비슷하게 나타났다. 뇌가 깨어 있을 때는 신호가 짧지만 격하게 촘촘히 이어지다가, 특정 수면 단계에 접어들자 신호가 느려지는 동시에 마루가 높고 골이 깊은 고리 형으로 바뀌었다. 즉 생쥐의 성상교세포를 자극하면 서파 활성도가 높아지면서 생쥐가 잠에 빠진다는 것이다.

한편 성상세포는 수면 욕구와도 관련이 있다. 미국 워싱턴 의대의 마커스 프랭크 의생명과학 교수 연구팀은 자체 개발한 머리 착용식 소형 현미경과 형광 칼슘 지표를 이용해 실험을 시행했다. 실험의 목적은 성상세포와 수면 욕구의 관계였는데, 실험쥐가 깨어 있을 때와 잠을 잘 때 쥐의 뇌에서 성상세포의 칼슘 신호가 어떻게 변하는지 관찰했다.

실험 결과, 쥐는 잠이 부족해지자 성상세포의 칼슘 활성도가 올라갔지만 잠을 보충하면 칼슘 활성도가 떨어지면서 신호량도 줄었다. 이러한 결과로 성상세포의 칼슘 활성도에 따라 수면 욕구, 필요성이 조절된다는 것을 발견했다. 실제로 실험을 바꾸어 유전적으로 성상세포의 칼슘이 결핍된 생쥐는 분명히 수면시간이 부족한데도 정상 생쥐만큼 오래 잠을 자지 않았다.

우리가 자는 동안 뇌가 하는 일 : 심박수

호흡과 마찬가지로 심박수는 수면 1단계에서 느려지기 시작하다가 3단계에서 가장 느린 속도에 도달한다. 반면에 REM수면 중에는 심박수가 깨어 있을 때와 거의 같은 속도로 빨라진다.

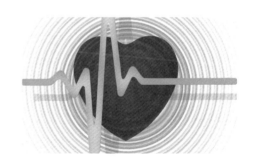

우리가 자는 동안 뇌가 하는 일 : 호르몬

수면 조절 호르몬인 멜라토닌은 활성산소를 중화하거나 해독한다. 활성산소는 섭취한 음식물이 소화되고 에너지를 만들어내거나 혹은 우리 몸 안에 들어온 세균 또는 바이러스를 없앨 때 만들어진다. 몸 안으로 들어간 각종 영양소들은 산소와 결합할 때만 에너지로 바뀌는데, 이때 만들어지는 부산물이 바로 활성산소다.

멜라토닌은 우리가 깊게 잠들 수 있도록 하는 호르몬이다. 멜라토닌은 위에서 설명한 것처럼 우리가 수면을 통해 스트레스와 피로를 풀게 하는 기능이 있다. 멜라토닌이 분비되는 시점은 배수 작용이 활발하게 작동하는 시간과 일치한다.

이 멜라토닌이 분비될 수 있도록 도와주는 호르몬은 따로 있다. 바로 세로토닌인데, 다시 말해 세로토닌은 멜라토닌을 돕고, 멜라토닌은 글림프시스템을 돕는다. 즉 뇌는 자고 있을 때 노폐물과 독소를 배출하며 피로를 푼다는 것이다. 만약 충분히 수면시간을 채우지 못하면 뇌척수액이 충분히 노폐물을 배출하지 못하게 된다.

내 의지일까, 뇌 의지일까

뇌는 마음먹기 나름

전기자극으로 우울감을 없앤다면?

1848년 미국 버몬트주의 철도공사 현장에서 감독으로 일하던 25세의 게이지Phineas Gage가 있었다. 게이지는 그해 9월 폭발사고를 당해 1미터 남짓이나 되는 쇠파이프가 머리에 박혔다. 파이프는 뇌의 왼쪽 전두골 피질을 뚫고 들어가 반대편 끝이 밖으로 나올 지경이었다. 그런데도 게이지는 사고 직후에 의식이 있었고, 부축을 받기는 했지만 걸을 수 있었으며 농담도 할 수 있었다.

하지만 수술 후 게이지의 성격은 완전히 바뀌었다. 본래 온화했던 게이지는 시시각각 변덕을 부리고 신경질적인 사람이 되었다.

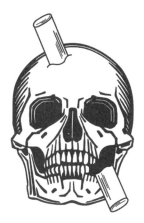

이 사례는 우리의 성격과 감정, 정서가 뇌에 달려 있다는 사실을 보여준다.

게이지는 수술 후 12년 정도 더 살다가 사망했고, 죽을 때까지 게이지를 돌보며 관찰했던 할로 박사는 게이지의 뇌를 기증했다. 게이지의 해골은 하버드대 의대에 전시되었고 비로소 신경생물학자 안토니오 다마지오 Antonio Damasio 교수에 의해 두개골을 3차원으로 만늘어 전두엽 손상에 관해 연구할 수 있었다.

1950년까지 우울증이나 정신질환을 앓던 환자는 '전두골 백질절제술 (frontal lobotomy)'이라는 수술을 받았다. 우울증을 앓는다고 해서 수술을 받아야 하는 상황은 지금 생각해보면 아주 위험하지만, 이론 자체가 틀린 것은 아니었다.

현대 의학은 전두골 피질과 편도선, 시상하부 영역은 우리의 행동에 중요한 영향을 미친다는 점을 밝혀냈다. 고양이나 실험쥐의 시상하부에 전기자극을 주면 공격적으로 행동하지만, 격막 영역에 자극을 주면 쾌감을 느끼게 된다. 한 실험에서 격막 영역에 전극 봉을 이식한 쥐에게 스스로 버튼을 누르면 전기자극으로 쾌감을 느끼도록 하는 훈련이자 실험을 반복하자 쥐는 아무것도 하지 않고 며칠 동안 버튼만 누르는 결과도 있었다.

이러한 사례와 실험은 곧 전기자극을 이용해 쥐를 마음대로 조작할 수 있다는 것인데, 우울증 치료에 접목한다면 우리는 어떤 상황에서라도 우울감을 느끼지 않을 수 있지만, 이것이 비단 옳은 길인지는 생각해볼 문제다.

의지보다 몸이 먼저

1980년대 미국 캘리포니아대학 교수 벤자민 리벳 교수는 자유의지를 부정하는 흥미로운 실험을 했다. 처음부터 자유의지 유무를 따지는 것이 실험의 취지는 아니었지만, 결과적으로 자유의지에 반하는 결과였다.

리벳은 피험자에게 자신이 원할 때 손목을 움직이라고 지시한 뒤 뇌전도(EEG)를 이용해 피험자들의 뇌 활동을 관찰했다. 그리고 그 결과, 손목이 움직이기 전에 뇌가 먼저 '준비 전위'를 실시하고 있었다는 것을 발견했다. 이러한 결과를 두고 피험자가 '내가 손목을 움직였다.' 라고 착각할 뿐 실제로는 '뇌가 손목을 움직여야겠다고 내린 결정을 따른 것'이 아니냐는 논란에 휩싸였다.

리벳의 실험은 스스로 자유의지를 갖는다고 믿어온 대중에게 충격을 주었다. 한 실험에 따르면(In-store music affects product choice) 같은 와인 매장에서 독일 음악을 틀어두면 독일 와인의 판매량이 많고, 프랑스 음악을 틀면 프랑스 와인이 더 많이 팔렸다고 한다. 해당 실험에 참가한 사람들은 해당 배경을 알지 못했기 때문에 자신이 음악에 따라 선택했다는 것을 사전에 알지도 못했고, 실험 결과에 대해서도 부정했다. 자신의 자유의지를 주장한 셈이다.

하지만 자유의지에 관해 논란이 될 만한 근거는 많다. 데이비드 이글맨 David Eagleman은 경두개 자기자극(TMS) 장치를 활용하여 실험을 시행했다. 피험자는 어떤 실험을 하는지 전혀 알지 못하는 상태에서 피험자의 뇌 부위 가운데 왼손을 들어 올리는 동작을 하도록 하는 영역을 활성화하자 피험자는 왼손을 들었다. 왜 왼손을 들었느냐고 물어보면, 피험자는 '그냥' 혹은 '간지럽다', '들고 싶어서' 같은 이유를 붙였다. 즉 자신의 의지가 아닌 요소로 몸이 움직이더라도 자신의 의지대로 움직였다고 생각하는 것이다.

우리가 마음먹은 대로 행동을 하는 것이 우리의 의지대로 움직인 것인지, 아니면 뇌의 지시에 따른 것인지 판단할 수 있는 사례들이다.

플라시보 효과

플라시보 효과는 익히 알려져 있는 뇌과학이다. 플라시보 효과란 약효가 전혀 없는 약을 진짜인 척 복용하도록 하면, 환자가 스스로 병세가 완화되었다고 믿어서 호전되는 효과를 말한다.

플라시보 효과를 일으키는 뇌 영역은 미국 노스웨스턴 의대와 시카고 재활연구소 공동 연구팀이 발견했다. 연구팀은 퇴행성 무릎 관절염을 앓는 95명의 환자 가운데 일부에게는 진통제를, 또 다른 일부 환자에게는 설탕으로 만든 정제를 처방했다. 그 후 자기공명영상(fMRI)으로 뇌를 관찰했다. 그 결과, 설탕으로 만든 가짜 약을 먹은 환자도 진통제를 먹은 환자처럼 통증이 줄었다.

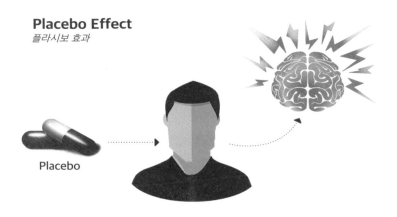

Placebo Effect
플라시보 효과

Placebo

그렇다면 플라시보를 의심하는 환자에게는 효과가 있을까?

포르투갈 ISPA-Instituto 대학의 클라우디아 카르발로^{Claudia Carvalho} 교수는 가짜 약이라는 사실을 밝혀도 치료적인 효과가 나타날 수 있다고 말했다. 교수는 임상 참가자 중에서 약 30%는 가짜 약이라는 것을 알고 있는데도 고통과 장애가 줄어들었다며, 기존 치료제에서도 플라시보 효과를 추가할 가능성을 시사했다.

종교와 뇌

쉽게 종교를 가지거나 종교적인 믿음을 가질 만한 사람을 알아볼 수 있을까? 어쩌면 MRI와 유사한 기계를 통해 수많은 사람 가운데 종교인을 가려낼 수 있을지도 모른다.

미국 오번^{Auburn}대학교 연구팀은 미 국립보건원(NIH)과 공동으로 자기공명촬영장치의 일종인 fMRI를 이용하여 종교가 있는 사람과 없는 사람의 두뇌 활동을 관찰하는 실험을 진행했다. 그 결과, 신의 존재를 믿는 사람은 평소에 공포를 조절하는 영역이 활발하게 기능한다는 것을 알아냈다.

이를 두고 짐작해 보자면, 죽음이나 사후세계, 후생 등에 관한 두려움이 있는 사람은 종교적인 믿음에 의지하는 경향이 있다. 무신론자에게 종교를 심는 것보다 이미 믿는 신이 있는 사람을 개종시키는 게 빠르다고 하는 이유도 여기에 있다.

이처럼 신이나 초월적인 존재가 실존한다고 믿는 사람은 공포를 조절하는 영역이 활발했지만, 종교에 관한 지식만 통달한 사람들은 그보다는 언어를 관장하는 영역이 활발하게 움직였다. 그러나 종교가 없거나 평소 초월적 존재에 관심이 없던 사람들은 종교적 믿음에 관한 질문을 들으면 시각적인 이미지를 관장하는 영역이 활성화되었다.

종교인 가운데에 강의나 연설을 하는 사람은 자연스럽게 언어 기능이 특출나게 된다. 반면에 종교에 관해 관심이 없는 사람들은 믿음도 없고 지식도 없으므로 추상적인 이미지만 떠올리게 된다. 예를 들어, '구원받는 모습' 등 추상적인 현상을 어렴풋이 떠올리며 '그게 가능할까?' 같은 의구심을 피우는 것이다.

마이클 퍼싱어 교수가 개발한 뇌의 측두엽을 자극하는 장치를 활용하여 국내 교수를 포함한 참가자를 대상으로 한 실험이 있다. 참가자들은 측두엽에 자극을 주었을 때, 위로 붕 뜬 것 같은 느낌과 함께 귀에 누군가 속삭이는 목소리를 들었다는 반응을 보였다. 이를 두고 학자들은 신의 존재라는 것은 뇌에 자극을 받아 일어나는 생리적인 현상이라고 말했다.

알츠하이머 예방법

알츠하이머의 원인

알츠하이머는 기억력의 점진적인 퇴행을 가져오는 뇌의 이상에서 오는 병이다. 또한 알츠하이머는 일상생활에 곤란을 겪을 정도의 심각한 지적 기능의 상실을 가져오는 치매dementia증에 이르게 된다.

알츠하이머병은 이상 단백질(아밀로이드 베타 단백질, 타우 단백질)이 뇌 속에 쌓이면서 뇌신경세포가 서서히 죽어가는 퇴행성 신경질환이다.

알츠하이머와 미세아교세포

면역이란 외부에서 들어오는 바이러스 따위를 공격하고 우리 몸을 방어하는 시스템을 말한다. 면역력이 떨어지면 외부 바이러스가 우리 몸에 염증을 일으키게 되는 것이다.

면역세포는 자신과 남을 구분 지을 수 있는 능력을 이용해서 자신에 대해서는 면역반응을 유도하지 않지만, 남에 대해서는 면역반응을 일으킨다.

만약 세균이나 바이러스 등 외부 병원균이 우리 몸 안에 침투하면 면역 시스템은 이를 감지하여 세균을 직접 죽이거나 세균에 감염된 세포를 죽이게 된다.

뇌에도 면역 시스템이 있다. 뇌와 척추 전역에 분포된 미세아교세포, 골수에서 만들어지는 호중구, 골수 유래 단핵성세포 등이 그렇다.

미세아교세포라는 명칭은 다른 교세포와 생긴 건 비슷하지만 크기가 작다는 이유로 붙은 이름이다. 사람의 경우 태아로서 한 달 차에 접어들 때, 뇌가 되는 부분으로 들어간 면역세포가 분화해 미세아교세포가 된다. 즉 미세아교세포는 뇌에 침입한 병균이나 뇌세포에서 나오는 필요 없는 세포를 처리하는 데 특화된 면역세포다.

미세아교세포는 또한 병원균이나 질병으로부터 중추신경계를 보호하는 역할을 한다. 중추신경계는 뇌와 척수로 구성되어 있는데, 감각수용, 운동, 생체기능조절 등 중요한 기능을 담당하므로 만약 미세아교세포가 제대로 기능하지 못해 손상되면 우리 몸에 치명적인 문제를 일으킬 수 있다.

그런데 면역세포인 미세아교세포가 왜 알츠하이머와 연관이 있을까?

면역세포는 체내의 이물질, 외부에서 들어온 바이러스나 세균 따위를 섭취하여 이들을 제거한다. 이를 식작용이라고 한다. 그런데 미세아교세포가 세균을 너무 급하게 먹어치우면, 다시 말해 식작용이 급박하게 일어나면 오작동이 발생하면서 정상적인 시냅스까지 과도하게 없애버릴 수도 있다. 그리고 이러한 경우 신경퇴행성질환으로 이어진다.

호중구 수치

암과 사투를 벌이거나 면역 관련 질환을 겪은 사람에겐 아주 귀에 따갑도록 듣는 말이 호중구 수치다.

호중구는 백혈구의 한 종류로, 감염이 있을 때 균과 싸우는 일을 한다. 우리 혈액에 적혈구, 백혈구, 혈소판이라는 성분이 있으며, 적혈구는 산소 운반, 백혈구는 면역 기능, 혈소판은 지혈 기능을 담당한다.

호중구는 염증의 초기 단계에서 가장 빠르게 염증에 반응하여 염증이 발생하는 부위로 이동하는 세포로 알려져 있다. 호중구는 급성으로 조직이 손상되면 수 시간 이내에 중추신경계로 들어가는 면역세포다. 주로 퇴행성 뇌질환 환자에게서 호중구를 발견할 수 있는데 특히, 알츠하이머를 가진 실험동물에게서 호중구 수치가 낮으면 뇌 모세혈관의 혈류를 감소시키는 요인인 것으로 확인한 바가 있다. 또한 호중구의 과다 활성화도 알츠하이머 병 진행과 상관관계가 있으며 혈액이 지나치게 끈적끈적 하게 되어 호흡 문제, 뇌졸중 및 사망을 유발할 수 있다.

알츠하이머는 유전될까?

치매는 노년기를 위협하고 '장수시대'라는 말에 공포를 불어넣는 질병 중 하나이다. 특히 가족이나 친척 가운데 치매를 앓고 있거나 앓았던 이력이 있는 경우에는 생활이 이전과 다르게 힘들어지면서 자신에게도 훗날 치매가 발병할 위험이 있지 않을까 하는 걱정도 함께 따르기 마련이다.

결론부터 말하자면 치매의 가족력은 당사자에게 위협이 될 수도, 되지 않을 수도 있다. 유전성을 띠는 치매가 따로 있기 때문이다.

우선 치매와 알츠하이머의 차이점을 알아야 한다.

치매는 병명이라고 보기는 어렵고, 증상을 묶어둔 것에 가깝다. 보통 기억하는 데 장애가 있거나 친하게 지내던 사람, 익숙한 사물을 인지하지 못하는 증상을 두고 '치매'라고 부른다. 머리가 아픈 증상의 원인이 뇌졸중이거나 단순 스트레스일 수 있듯이 치매라는 증상도 그 원인이 다양하다. 즉 치매는 뇌의 기능에 영향을 미치는 증상을 묶어서 부르는 다소 포괄적인 단어다.

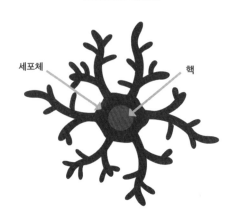

미세아교세포

세포체 핵

알츠하이머병은 치매 증상을 보이는 원인이 되는 질병이자 치매의 한 종류다. 알츠하이머병은 단백질이 비정상적으로 쌓여 이로 인해 생긴 플라크가 뇌세포의 소통을 방해해 발생하는 질환이다. 플라크는 치아의 찌꺼기를 일컬을 때 자주 사용하는 단어로, 체내에서는 주로 나쁜 콜레스테롤과 죽은 세포 등으로 이루어져 있다. 이러한 플라크는 해마를 포함한 뇌의 여러 부위에서 만들어져 기능에 장애를 유발한다.

이때 알츠하이머는 유전성을 보일 수 있다. 신경세포가 망가져 판단력, 기억력, 인지력이 떨어지고 우울증을 동반할 수 있어 심각한 치매인데, 그 중에서도 유전성이 강한 알츠하이머 유전자형이 있다.

알츠하이머 치매 관련 유전자 검사를 통해 유전자형은 E2, E3, E4를 확인할 수 있다. 이 중에서 E4 유전자는 알츠하이머 발병률이 높게 나타난다. E4 유전자는 퇴행성 신경질환에서 공통으로 나타나는 아밀로이드 단백질을 비정상적으로 쌓이게 만드는 주범이므로 대뇌혈관 장애를 일으킬 위험이 크기 때문이다.

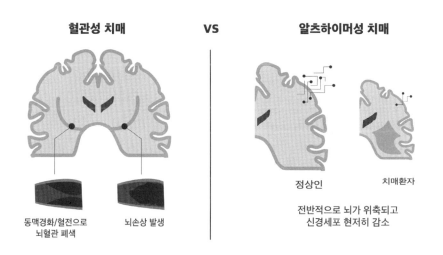

혈관성 치매　　VS　　**알츠하이머성 치매**

동맥경화/혈전으로　　뇌손상 발생
뇌혈관 폐색

정상인　　　　치매환자

전반적으로 뇌가 위축되고
신경세포 현저히 감소

만약 함께 사는 가족 중에 혈관성치매 이력이 있는 사람이 있다면 특히, 주의해야 한다.

혈관성치매는 고혈압, 당뇨, 고지혈증 등 혈관성질환이 뇌혈관질환으로 발전한 것이다. 대한치매학회 정보위원회는 이러한 이유로 유전적인 요인이 아니더라도 같은 생활습관을 공유하고 있는 가족은 같은 혈관성질환을 앓을 확률이 높고, 마찬가지로 혈관성치매로 진행될 수 있어서 조심해야 한다고 말한다. 즉 위험인자가 같다면 부모의 혈관성치매에 대해 가족력이 있을 수 있다는 뜻이다.

하지만 이러한 이론은 반대로 말하면 생활습관을 건강하게 바꾸는 것으로 치매를 예방할 여지가 있다는 뜻이기도 하다. 대한치매학회 정보위원회는 흡연, 과음, 운동 부족, 잘못된 식습관 등 잘못된 습관이 치매에 더욱 노출한다고 전했다.

통계적으로 65세 이상 노인인구의 약 10%는 치매 또는 관련 뇌질환이 발견된다. 치매의 50%를 차지하는 알츠하이머는 증상이 처음 나타나기 20~30년 전부터 독성 단백이 뇌 조직에 쌓여 발발하는 질환이다. 즉 발병 시점은 증상보다 훨씬 더 이르다는 것인데, 얼핏 들으면 증상 없이 어느 날 갑자기 진행된다는 것처럼 들리지만, 바꾸어 말하면 병이 발발하지 않도록 억제하고 지연시킬 시간이 충분하다는 뜻이다.

예방과 치료

약물치료

신경인지기능 활성제인 콜린성 약제, NMDA 수용체 차단제 등을 사용할 수 있다. 현재도 다양한 약물을 연구하고 있다. 또한 치매로 인해 나타나는 정신질환 증상을 치료하기 위한 항우울제, 항정신병 약물 등을 사용하기도 한다.

뇌교세포 염증 억제

뇌교세포의 염증 억제효과를 통해 인지 개선효과와 면역기능을 활성화하여 알츠하이머병에 효율적으로 다가가는 연구를 하고 있다.

심혈관질환은 멀리 보내기

고혈압, 당뇨병 및 고콜레스테롤과 같은 심혈관질환의 위험을 증가시키는 것으로 알려진 여러 조건도 알츠하이머 발병 위험을 높인다. 일부 부검 연구에 따르면 알츠하이머병 환자의 최대 80%가 심혈관질환도 가지고 있다.

운동과 식이요법 하기

규칙적인 신체 운동은 알츠하이머 및 혈관성치매의 위험을 낮추는 데 유익한 전략일 수 있다. 운동은 뇌의 혈액과 산소 흐름을 증가시켜 뇌세포에 직접적인 이익을 줄 수 있다. 알려진 심혈관 이점 때문에 의학적으로 승인된 운동 프로그램은 전체 건강 계획의 중요한 부분이다.

사회활동과 지적 활동 하기

사회활동을 통해 활동적인 생활패턴과 사회적 관계 유지로 인지 향상과 뇌와 몸의 연결고리가 균형을 찾을 수 있다. 또한 지적 활동을 통해 정신적 자극이 뇌신경세포 간의 연결고리를 강화하여 치매예방에 효율적으로 작용한다.

치매는 신경인지기능의 점진적인 감퇴로 인해 일상생활 전반의 수행 능력에 장애를 유발하는 질환이다. 현재까지 발생 기전이 확실히 규명되지 않았을 뿐만 아니라 획기적 치료제도 개발되지 않고 있다.

그러나 많은 연구에서 효능이 입증되어 FDA 승인에 가까워진 성분들이 나오고 있다. 치매로 인한 불편한 일상생활에서 지금 딩징 인지기능 등의 향상을 위해 최대한 스스로 유지할 수 있도록 하는 규칙화된 패턴을 익히고, 인지기능 강화 요법 등의 다양한 프로그램을 익혀 삶의 질을 향상시킬 수 있다.

암 예방 십계명

매년 암은 전 세계적으로 수백만 명의 사망 원인이 되며 의학에서 많은 발전이 이루어졌음에도 불구하고 암 치료를 개선하기 위해 해결해야 할 많은 문제가 여전히 있다.

최근 암 발생과 미세먼지, 환경적 변형 및 전이 진행에 필요한 세포외 소포체(EVs)가 효율적인 약물 전달 매개체로 널리 연구되고 있다. 천연 항산화제와 많은 파이토케미컬은 항증식 및 세포사멸 특성으로 인해 최근 항암 보조 요법으로 도입되었다.

2차 식물대사산물인 파이토케미컬Phytochemicals의 항산화 특성은 산화 스트레스로 인한 DNA 손상을 억제하여 암 예방에 중요한 역할을 한다. 또한 항산화 효과를 통해 여러 산화 스트레스 매개 신호전달 경로를 조절하고 궁극적으로 세포가 발암을 유발하는 분자 변화를 겪지 않도록 보호한다.

일 주기 리듬 타이밍을 맞추기

뇌 기능을 포함한 인체반응은 24시간 사이클에서 조정된다.

2017년 노벨 생리의학상은 일주기 리듬을 제어하는 분자 메커니즘의 발견으로 수여되었다. 그 이후로 생물학 치료 응용에 이르기까지 많은 생물의학 연구 분야에서 일 주기 연구 성과가 일어났다. 24시간 일 주기 리듬은 환경에 동반된 모든 살아 있는 유기체의 세포 환경에서 매일 변화를 포함하는 생물학적 현상이며, 일생에 걸쳐 인간의 건깅과 질병의 여러 측면에서 중요한 역할을 한다. 시상하부의 시교차상핵에 위치한 마스터 시계는 매일의 생리적 과정의 항상성을 유지하기 위해 거의 모든 기관에서 말초 시계를 조정한다.

연구에 따르면 24시간 주기 리듬과 수면의 항상성 또는 붕괴는 신진대사, 미생물군집, 신경 및 면역 기능에서부터 암, 비만, 대사증후군, 노화, 알츠하이머병, 통증에 이르기까지 인간 건강 및 질병의 많은 생리학적 또는 병태생리학적 측면과 관련이 있는 것으로 나타났다.

일 주기 리듬은 뇌 기능을 포함한 일상생활에 질적 향상에 도움이 된다.

뇌에 자극을 주어라

운동만으로 암을 예방하는 것에는 한계가 있다. 균형이 잡힌 식단과 운동, 생활습관이 암을 예방하는 데 최선이라고 생각해 오던 지금, 새로운 예방법이 있다. 바로 뇌에 자극을 주는 환경을 만드는 것이다.

미국 오하이오주립대학 신경학자 레이 카오Lei Cao 교수와 매튜 듀어링 Matthew During 교수팀이 생물학 저널 「셀Cell」에 발표한 결과에 따르면 사각형 공간에 갇혀 사육된 쥐보다 넓은 공간에 다양한 장난감과 미로, 쳇바퀴 등이 마련된 환경에서 자란 쥐가 뇌의 발육과 학습능력이 우월했다. 이러한 '자극적인 환경'은 나이를 먹어도 신경변성증에 동반하는 기억력 저하를 막을 수 있는 것으로 보고됐다.

　이러한 연구를 바탕으로 만약 "자극적 환경 아래서 나타나는 뇌 속의 변화가 체내 호르몬과 성장인자 밸런스에 영향을 주고, 이에 따라 암에 대한 반응이 발생한다."라는 이론이 사실이라면 뇌의 숨겨진 경로를 찾는 것은 물론, 새로운 암치료법을 개발할 수 있을 것이다.

　결론부터 말하자면 자극적 환경에서는 암 증식이 억제된다.

　연구진은 단조로운 환경과 자극적인 환경 두 가지에서 쥐를 나누어 사육하고, 3~6주간 기른 후에 암세포를 이식한 뒤 관찰했다. 그 결과, 자극적 환경에서 3주간 사육된 쥐는 암 조직 크기가 단조로운 환경에서 사육한 쥐보다 평균 43% 작았다. 심지어 자극적 환경에서 사육된 쥐들 중에서는 이식된 암세포가 전혀 증식하지 않은 예도 있었다.

이러한 결과가 나온 이유는 혈청 속 렙틴이 감소했기 때문이다. 자극적인 환경에 있던 쥐의 혈청에는 암세포 증식 억제와 관련 있는 대사 마커의 발현량이 증가했다. 그리고 이에 따라 종양 억제효과가 나타났다.

또 한 가지 흥미로운 발견은 자극적인 환경에서 사육된 쥐의 시상하부에서는 뇌유래 신경영양인자(BDNF)의 발현량도 증가했다는 점이다. 자극적인 환경에 노출된 쥐는 암 증식 억제와 함께 마치 운동을 한 듯한 효과를 느낄 수 있다는 것이다.

뇌를 웃겨라

웃음은 마음에 영향을 주고 이는 곧 몸에도 영향을 미친다.

웃음의 효과에 관한 연구 결과가 많다. 국내에서도 '몸맘 건강 네트워크 ㈜힐러넷'이 암 전문 언론「캔서앤서」와 함께 공동으로 조사를 한 결과, 웃음치료를 받은 암 경험자는 다른 암 경험자는 물론 암을 겪지 않은 사람보다도 뇌가 건강하다는 사실을 밝혀냈다. 웃음치료를 받은 암 경험자들은 좌뇌와 우뇌의 균형이 잘 잡혀 있으며 인지 속도가 빠를 뿐만 아니라 인지력도 정확했다.

또한 웃음으로 몸과 마음의 고통과 스트레스를 줄인다는 웃음요법(laughter therapy)이 있다. 이 요법은 치료보다 보완대체요법에 가까운데, 서울아산병원 암병원 연구팀은 최근「보완대체의학지(J Altern Complement Med)」에서 웃음요법이 암환자의 자존감을 향상시킨다는 발표를 냈다.

연구팀은 방사선 통원치료를 받는 암환자 62명을 웃음요법과 방사선치료를 모두 받는 그룹과 웃음요법 없이 방사선치료만 받는 그룹으로 나누어 무작위로 대조하는 방식으로 진행했다.

웃음요법은 회당 60분씩 총 3회에 걸쳐 실시했다. 처음 10분 동안은 웃음이 몸과 정신건강에 미치는 효과를 이론 교육한 뒤 40분 동안 다양한 신체활동과 함께 큰 소리로 15분 이상 웃을 수 있도록 하고, 마치기 10분 전에는 서로가 느낀 감정을 공유하는 시간을 갖는다.

연구진은 "방사선치료를 받는 암환자들에게 웃음요법을 시행한 결과 우울, 분노 등 부정적 기분 상태가 88% 줄어들고 자아존중감이 12% 증가했다"고 밝혔다.

암 예방에 도움이 되는 음식

암 예방을 위한 천연 항산화제

매일 인체는 자외선, 대기오염 등 여러 뇌를 비롯한 외인성 손상을 겪는다. 이로 인해 암을 비롯한 많은 질병의 발병을 유발하는 산화제 및 자유라디칼이 생성된다.

이러한 분자는 약물의 임상 투여 결과로 생성될 수도 있지만 정상적인 생리학적 호기성 과정에서 미토콘드리아와 퍼옥시솜에 의해 그리고 대식세포대사에서 자연적으로 세포와 조직 내부에서 생성된다.

커큐민

강황(Curcuma)에서 추출한 폴리페놀 화합물인 커큐민은 항염, 항산화, 화학 예방 및 치료 활성이 있는 전통적인 동남아시아 치료제이다.

폴리페놀

과일과 채소에서 발견되는 폴리페놀 플라보노이드 인 케르세틴은 세포 수용체에 결합하고 많은 신호전달경로를 방해함으로써 폐암, 전립선암, 간암, 결장암 및 유방암과 같은 여러 종양을 치료하는 데 효과적인 것으로 입증되었다.

과일, 블루베리

암을 예방하는 식품으로 블루베리, 포도, 체리, 사과, 토마토, 샐러리, 얌, 호박, 양파, 마늘이 있다. 이러한 녹색식품은 피부암과 지질 과산화를 생성을 억제하는 효과가 있으며 녹색 식품은 혈액에서 강력한 해독제 역할을 한다. 특히 신이 내린 보랏빛 선물이라고 불리는 블루베리는 특유의 검푸른색을 만드는 파이토케미컬 성분인 안토시아닌이 항암 성분을 많이 함유하고 있다. 안토시아닌은 눈에 좋은 성분으로만 알려져 있는데, 이뿐만 아니라 면역력을 증진하고 항암, 항염에도 효과적이다.

2011년 미국 애팔래치아주립대학 연구에 따르면, 블루베리를 매일 한 컵씩 섭취했을 때 면역세포 수가 증가한 것은 물론, 항염증성 사이토카인 역시 증가했다.

블루베리는 색깔이 선명할수록, 과육이 단단할수록, 그리고 표면에 은백색 가루가 묻어 있을수록 싱싱한 것이다. 냉동시켜도 안토시아닌 성분이 파괴되지 않아서 1년 이상 보관해도 괜찮다.

토마토

토마토는 특히, 라이코펜과 베타카로틴이 함유되어 있다. 라이코펜은 붉은색을 만드는 성질인데, 이 성질은 활성산소를 몸 밖으로 내보내는 동시에 전립선, 유방암, 소화기 계통 암을 예방하는 데 도움을 준다. 영국 케임브리지 · 옥스퍼드 · 브리스톨대 공동 연구팀에 따르면 토마토 또는 토마토와 같은 성분이 함유된 식품을 150g 매주 10회 이상 먹은 남성은 전립선암에 걸릴 위험이 18% 감소했다.

토마토는 익혀 먹을 때 흡수율이 가장 좋다. 토마토 속에 있는 라이코펜과 지용성 비타민은 기름에 익혀야 흡수가 잘되므로 껍질까지 볶아서 먹으면 가장 효율적으로 섭취할 수 있다.

오메가-3

우리 몸속에서의 염증은 결과적으로 암으로 발전할 수 있는 발판이 된다. 오메가-3는 염증과 관련이 많아서 자주 섭취하는 게 아주 좋다.

미국 프레드허치슨 암연구센터는 "중년 여성 3만 5,016명을 6년간 추적 조사한 결과 오메가-3 지방산을 매일 먹는 사람은 유방암 발병률이 32% 낮았다." 라는 연구 결과를 발표한 바가 있다.

미국 국립환경건강과학연구소는 오메가-3 지방산 섭취율이 상위 4%에 속한 사람은 하위 4%보다 대장암 발병 위험이 절반이나 낮다는 결과를 발표했다.

오메가는 참치, 고등어, 꽁치, 장어, 정어리와 같은 등푸른생선에 많이 함유되어 있으며 영양제로는 하루에 1000mg을 섭취하길 권장한다.

녹차

폴리페놀이라는 녹차에 든 성분은 암이 활성화되는 걸 억제할 수 있다. 이 녹차에 들어 있는 폴리페놀은 종양 안에서 신생 혈관의 형성을 체크하고, 다른 조직으로 전이가 되는 것을 중단시켜 주는 효과가 있다.

일본 사이타마 암연구소 히로타 후지키 전 소장은 서울대학교에서 열린 대한암예방학회 국제학술대회에 기조 강연자로 초청되어 "녹차가 대장암을 억제하는 효과가 있다"고 전했다.

후지키 박사는 "2008년에 시행했던 임상연구 결과, 대장암 환자에게 녹차추출물 1.5g을 매일 1년 동안 복용시켰을 때 대장선종의 재발률이 대조군보다 51.6% 줄었다."라고 전하는 동시에 일본인을 대상으로 오랜 시간 역학조사를 한 결과, 녹차를 하루 10잔씩 마신 남성은 평균 7.3년 동안 암 발생이 늦춰졌다는 소식도 전했다. 단, 녹차는 카페인이 함량이 많고, 너무 많이 섭취하면 철분의 체내 흡수를 방해하므로 나에게 맞게 적정하게 섭취하여야 한다.

그렇다면 음식이 아닌 생활습관으로 암을 예방할 수 있는 방법으로는 무엇이 있을까?

암 예방을 위한 생활습관

햇빛 받기

햇빛에서 얻을 수 있는 비타민 D는 생육에 있어서 매우 좋은 역할을 한다. 암의 생육과 전이를 늦추는 데 도움을 주고, 면역력을 올려 주는 데 많은 역할을 한다. 또한 햇볕을 충분히 쬐면 악성 림프종 발생 가능성을 낮출 수 있다는 연구 결과가 있다.

명지병원 가정의학과 김홍배 교수와 중앙대학교병원 가정의학과 김정하 교수팀은 1999년부터 2017년 사이에 햇빛과 악성 림프종에 관한 26개

연구를 분석했다. 해당 자료에는 악성 림프종 24만 명의 자료를 담고 있다.

연구팀은 개인별 노출, 주변 노출, 근무일, 휴무일별 노출, 일광욕, 화상 등 다양하게 분석했고, 햇빛을 가장 많이 쬐었을 때 비호지킨림프종의 발생 위험이 29%, 호지킨림프종은 33% 감소했다는 결과를 밝혀냈다. 더불어 인공위성을 통해 거주지의 햇빛 노출 강도를 측정했을 때 햇살을 많이 받을 수 있는 환경일 때는 림프종 종류에 따라 12~20% 정도로 위험이 감소했다.

긍정적인 생각

앞서 설명한 것처럼 웃음은 뇌에 긍정적인 자극을 주고 암을 호전시키는 효과가 있다. 실제로 슬픔이나 고뇌, 다른 주요한 생활 스트레스들은 암을 유발하는 작용을 하며 암과 싸우는 데에도 좋지 않다. 재미를 가지고 삶을 즐기거나 긍정적인 태도는 암 발생을 줄여 주는 데 큰 효과가 있다.

충분한 수면

하루가 끝나면 수면을 통해 휴식을 취해야 한다. 가장 중요한 항산화제와 호르몬 그리고 세포 생육을 조절하는 게 저녁 10시부터 아침 6시이다. 우리가 잠을 자고 있을 때는 멜라토닌이라는 호르몬이 활발하게 분비되는데, 원래 어두워질 때 활동하는 호르몬이다. 멜라토닌은 우리가 질 좋은 수면을 취할 수 있도록 돕는 동시에 암세포를 억제하는 역할을 한다. 그러므로 밤에 밝은 조명 아래에서 오래 머물면 멜라토닌이 잘 생성되지 않아 암 발병 확률이 커진다. 실제로 불규칙적인 수면은 암의 위험을 증가시킨다고 연구 결과가 있다.

아이슬란드대학 라라 시거다르도티 교수는 67~96세인 2,100여 명의 남성을 대상으로 5년간 조사한 결과, 수면장애가 있는 사람은 일반 사람보다 전립선암 위험이 2.1배가 높고, 월 3회 이상 30년 동안 야간 교대근무를 한 여성은 주간 근무만 하는 여성보다 유방암 발병 위험이 1.36배, 자궁내막암은 1.47배 높다는 것을 밝혀냈다.

금연

모든 암을 유발하는 위험인자의 30%는 담배다. 담배에는 무수한 유해물질과 유독가스가 있으며, 심지어 주위 사람까지 간접흡연으로 암에 노출되게 한다.

무엇보다 하루 몇 개피씩만 줄여도 암 발생률은 줄어든다.

분당 서울대병원 가정의학과 이기헌 교수팀은 흡연량, 습관 변화와 암 발생의 상관관계를 연구했다. 연구팀은 국민건강보험공단의 빅데이터를 활용해 건강검진을 받은 40세 이상 남성 약 14만 명을 대상으로 조사한 결과, 완전히 금연을 하지 않고 담배를 피우는 양만 줄여도 암 발생 위험이 감소한다는 것을 알아냈다.

하루에 최소 10개에서 19개피를 피우는 흡연자가 하루 10개 미만으로 흡연량을 줄였을 때, 꾸준히 20개피 이상 피우는 흡연자보다 폐암에 걸릴 위험성이 45% 줄어들었다.

체중 감량

비만은 담배만큼이나 위험한 요소다. 암뿐만 아니라, 심장병, 고혈압, 당뇨 등 증상을 유발하기에 충분하다.

세계 암 연구기금(WRCF)은 암 예방 10가지 생활수칙을 담은 보고서에서 체중 관리를 첫 번째로 꼽았다. 살을 빼는 것이 항암치료 자체가 되지는 않지만, 비만인에게 체중 감량은 암을 예방하는 방법인 셈이다.

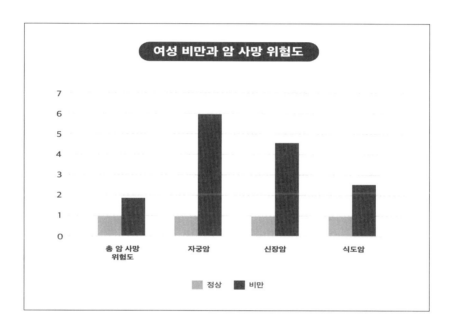

미국의 연구 자료를 살펴보면 비만환자는 정상체중 환자보다 암 재발률과 사망률이 더 높았다. 유방암 환자 약 7천 명을 분석한 조사 결과에서 비만 여성은 정상체중의 여성보다 유방암 재발률이 30% 더 높았다. 또한 자궁암이 6.3배, 신장암이 4.8배, 식도암이 2.6배, 암 전체적으로 1.9배 증가했다.

또한 남성의 경우 비만환자는 정상체중 환자보다 간암 사망도가 4.5배, 췌장암이 2.6배, 식도암이 1.6배, 암 전체적으로 1.5배 증가했다.

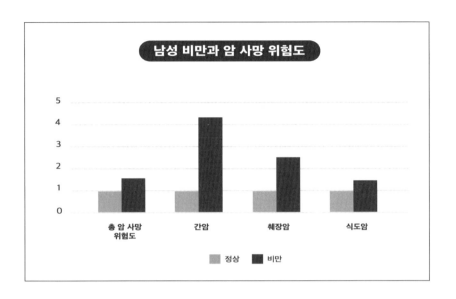

정기적인 건강검진

암은 환경적인 요인도 크지만, 유전적인 요인도 아주 크다. 가톨릭대학교 서울성모병원 평생건강증진센터에 따르면 건강검진을 제때 받으면 1,000명 중 4명이 초기에 암을 발견할 수 있다고 한다. 정기적 건강검진으로 내 자신의 몸 상태를 인지하고 미리 예방하는 것이 몸이 무너진 후에 치료하는 것보다 몇 배나 건강한 삶을 유지하는 비결이다.

뇌도 디톡스가 필요하다

신진대사

우리 몸은 신진대사가 필수다. 신진대사란 묵은 것은 내보내고 새로운 것이 들어온다는 뜻이다. 우리가 섭취한 영양물질은 우리 몸 안에서 분해 또는 합성하여 에너지를 만들고, 이 에너지를 생명을 유지하는 데 쓰거나 혹은 운동, 지적활동 등에 사용한다. 또한 우리 몸에서 더는 필요하지 않은 물질을 몸 밖으로 배출하는 데 쓰기도 한다.

신진대사를 방해하는 습관들이 몇 가지 있다. 우선, 잠을 충분히 자지 않으면 신체는 회복할 시간이 부족해진다. 또한 수면부족은 식욕과 관련된 그렐린이나 렙틴 같은 호르몬에 영향을 주어서 밥을 먹어도 포만감이 들지 않고 평소보다 더 배가 더 고픈 증상이 생기기도 한다.

물을 부족하게 마시면 신진대사가 약 3% 느려진다. 물을 약 500cc 마시면 남녀의 대사율이 30% 증가할 만큼, 수분은 신진대사의 원활한 활동에 필수이다.

운동하지 않거나 단백질을 적게 먹는 것 또한 나쁜 습관이다. 우리 몸은 탄수화물이나 지방보다 단백질을 소화하는 데 시간과 노력이 더 걸린다. 단백질을 소화할 때 신진대사 작용이 강하고 빠르게 일어나기 때문에 더 많이 칼로리를 소모할 수 있다. 같은 이유로 근력운동은 필수다. 유산소운동도 좋지만 근력운동으로 근육을 만들어두면 우리가 별다른 활동을 하지 않더라도 지방과 칼로리를 태우게 된다.

그렇다면 신진대사 기능은 몇 살부터 떨어질까?

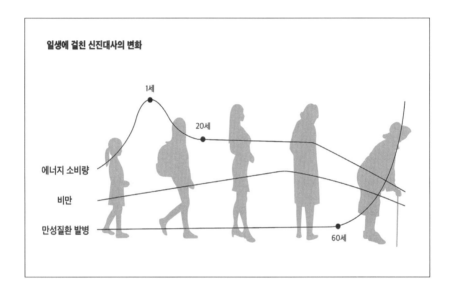

신진대사는 다른 신체리듬과 다르게 태어나자마자 정점을 찍는다. 그 후로 변곡점을 3곳에서 보인다.

미국 듀크대를 중심으로 한 국제 연구진이 「사이언스」에 발표한 결과에서 생후 일주일부터 95세에 이르는 전 세계 29개국 약 6,500명의 신진대사 활동을 분석한 결과를 발표했다.

신진대사율이 가장 높은 시기는 평균적으로 생후 첫 12개월이다. 이 기간 체중 대비 칼로리 소비율은 성인보다 50% 높았다. 첫돌이 지나고 나면 신진대사 활동은 약 20세가 될 때까지 해마다 약 3%씩 약해진다. 그 후 안정기에 접어들면서 60세까지 비슷한 수준을 유지하다가, 60세가 지나면 연간 0.7% 정도 감소율을 보인다.

워싱턴 의대 새무얼 클라인 교수는 「뉴욕타임스」에서 "60세 이후 신진대사가 느려진다는 것은 곧 중요한 기관의 기능이 저하된다는 것을 의미할 수 있다."라고 설명했다.

뇌에도 독소가 쌓인다

신진대사가 필수라는 것은 곧 '묵은 것'이 필연적으로 생긴다는 의미다. 우리 몸에서 묵은 것이란 대개 노폐물과 독소인데, 이러한 요소는 고혈압이나 당뇨, 심뇌혈관질환 같은 성인병을 일으키는 주범이다.

그렇다면 노폐물이 가장 많이 나오는 부위는 어디일까?

우리 몸에 더는 필요하지 않는 노폐물, 오히려 해가 되는 독소를 가장 많이 배출하는 곳은 다름 아닌 뇌다. 에너지대사가 활발하게 일어나는 만큼 노폐물 배출량도 많은 탓이다.

뇌는 우리 몸에서 산소를 가장 많이 필요로 하며 그만큼 물질대사가 활발하다. 그리고 이 과정에서 노폐물과 독소를 배출하는데, 뇌는 일반세포보다 약 30배 많이 산소를 쓰고 쓰레기를 만들어낸다.

"뇌독소 = 스트레스"

스트레스는 뇌에 쌓이는 독소의 원인이다.

바쁜 현대인의 삶에서 뇌는 과부하에 걸리기 쉽다. 교감신경의 흥분상태가 이어지면 뇌 혈류가 정상적으로 흐르지 못하게 되고, 뇌에 혈액이 부족해지면 뇌세포가 손상될 수 있다. 뇌 독소가 유해한 물질을 증가시키기 때문이다.

실제로 스트레스가 만성화되면 뇌는 기억과 학습을 관장하는 해마를 스스로 손상한다. 대구경북과학기술원(DGIST) 연구팀은 동물실험 결과, 스트레스를 겪은 생쥐는 해마 부위에서 새로운 신경세포가 태어나는 '성체 신경 발생'이 줄어드는 현상을 발견했다. 또한 스트레스에 노출되면 코티졸, 아드레날린을 방출하게 되는데, 코티졸이 다량 분비되면 가볍게는 편두통, 어지럼증, 이명을 겪을 수 있고, 심한 경우 우울증과 치매로 발전하기도 한다. 또한 아드레날린이 지나치게 분비되면 불안, 우울, 불면증, 자가면역질환에 노출될 수 있다.

뇌가 스트레스를 푸는 법

흔히 뇌는 자는 동안에는 일을 한다. 실제로 뇌는 잠시도 쉬지 않고 근육, 심장, 소화기관 등 모든 신체 부위의 기능을 조절하고 의식하는 복잡한 활동을 한다. 게다가 뇌는 우리가 잠을 잘 때 청소까지 한다. 밤에 잠을 잘 자고 나면 아침에 머릿속이 개운해지는 느낌을 받는 이유가 있다.

뇌는 글림프 시스템을 사용하는데, 글림프 시스템이란 우리가 잠을 자는 도중에 신경세포 간 틈새 공간을 늘려 뇌척수액의 흐름을 늘리고 노폐물과 독소가 원활하게 배출되도록 하는 이른바 배수 기능이다. 이때 신경세포 간 틈새는 평소보다 60% 가량 넓어지며 뇌척수액의 흐름은 20배 이상 증가한다.

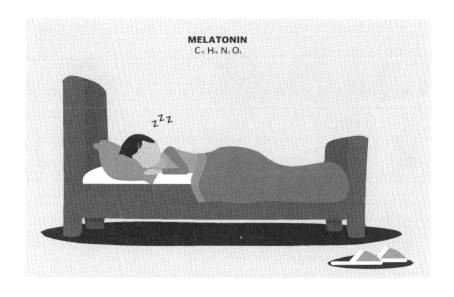

로체스터대학 의료센터의 니더가드Maiken Nedergaard 박사는 잠을 자는 것이 뇌세포 사이의 공간을 늘려 세포 구조를 바꾼다고 말한 바가 있다.

실험 방법은 생쥐의 뇌척수액에 염료를 주사하여 흐름을 관찰하는 것이었다. 생쥐가 자고 있을 때는 염료가 빠르게 이동했지만, 반대로 생쥐가 깨어 있을 때는 염료가 거의 이동하지 않았다.

연구진은 이러한 차이점을 두고 의식과 무의식 간에 뇌세포 간 공간에 변화가 생기는 것이라고 추측했나. 이를 검증하기 위해 뇌에 진극을 삽입하고, 뇌세포 간 공간을 직접 측정한 결과, 생쥐가 잠들어 있거나 마취되었을 때 뇌의 안쪽 공간이 60% 늘어난다는 것을 알아냈다.

디지털 디톡스가 필요하다

한국인터넷진흥원(KISA)과 미래창조과학부가 '2014년 모바일 인터넷 이용 실태조사' 결과를 내놨다. 대상자는 6,000명이었다. 그 결과 일일 평균 스마트폰 사용시간은 2시간 51분으로, 3시간에 가까운 이 결과는 전년 대비 38분 가량 증가한 셈이다. 응답자가 인지한 시간을 기준으로 삼았으니 실제로는 더 많을 수도 있다.

한편, 같은 해 스마트폰 사용시간이 더 길게 나타난 조사도 있었다. KT 경제경영연구소는 '스마트폰 도입 5년, 모바일 라이프 변화' 보고서에서 2014년 9월 기준 우리나라 국민의 하루 평균 스마트폰 사용시간은 3시간 39분에 달했다. 아침에 눈을 뜨자마자 SNS를 확인하거나 웹서핑, 기타 어플을 사용하는 셈이다.

스마트폰은 우리 일상에 큰 변화를 일으켰고 유용한 기능이 많지만, 성장기에 있는 아동이나 청소년은 특히, 인터넷 및 게임, 스마트폰 중독을 경계해야 한다. 강한 자극에 익숙해지면 우측 전두엽 기능이 떨어지고 이로써 주의력결핍 과잉행동장애(ADHD), 틱장애 등이 생길 수 있기 때문이다. 이처럼 '디지털 디톡스'가 필요하다는 목소리가 점차 나오면서 실제로 스마트폰을 사용하는 시간을 줄여주는 어플, 오프라인 모임도 생겨나는 추세다.

한편 뇌에게 쉴 수 있는 시간을 주지 못하는 것도 문제다.

뇌가 쉴 때는 '디폴트 모드 네트워크(DMN)'라는 부위가 활성화한다. 2001년 미국 워싱턴 대학교 의과대학의 마커스 레이클Marcus Raichile 교수팀이 발견한 것인데, 그 전까지만 해도 우리가 '멍을 때릴 때' 뇌 또한 휴식을 취한다고 생각했다.

그러나 fMRI를 통해 관찰한 결과, 우리가 멍하니 있을 때 뇌는 오히려 끊임없이 무언가를 생각하고 있었다. 즉 DMN은 우리가 집중할 때 활동이 감소하고, 쉬고 있을 때 활동하는 영역인 셈이다. 이 부위는 주로 기억과 의사결정과 관련이 있기 때문에 이 부위는 뇌가 다시 정상적인 활동을 하는 데 도움을 준다. 이 부위가 활성화하면 보다 창의성이 생기고 집중력이 향상된다는 연구 결과도 있다.

독소를 빼내는 음식

독소는 어디로 와서 어떻게 배출될까?

우리 몸에 들어오는 독소의 종류는 크게 두 가지로 나뉜다.

첫째는 우리가 매일 먹고 마시는 음식에 들어간 많은 성분 중에 섞여 있는 것이다. 그리고 둘째는 우리 피부나 입으로 들어오는 공기에 있는 많은 양의 독소이다.

이렇게 우리 몸에 들어온 독소들은 배출만 잘 된다면 아무 문제가 생기지 않지만, 배변 활동이 원활하게 이루어지지 않거나 피부의 모공이 막혀 독소가 배출이 되지 않는다면 독소는 점차 쌓이게 된다.

소변과 대변 그리고 땀으로 배출되는 독소량은 겨우 30%밖에 되지 않는다. 그렇다면 나머지 독소는 어디로 가게 될까? 정답은 배출되는 것이 아니라 축적된다.

이렇게 몸에 쌓인 독소는 지방분해를 방해하기 때문에 살을 빼는 데도 방해가 된다. 체내 속 독소 제거만 이루어진다면 살은 저절로 빠진다는 '디톡스 다이어트', '해독 다이어트'가 유행하는 이유도 그것이다.

그렇다면 독소를 제거하는 음식에는 무엇이 있을까?

물

첫 번째는 가장 기본적인 '물'이다.

가장 기본적이라고 해도 가장 효과가 좋기 때문인데, 물을 많이 먹음으로써 노폐물과 독소를 원활하게 배출할 수 있고 해독작용을 해 주는 간과 신장에 좋은 영향을 준다.

우리 몸의 구성하는 물질 중 70%는 물로 이루어져 있다는 사실을 잊지 말아야 한다. 이 중에서 2~3리터는 몸에서 빠져나가므로 수분섭취가 충분하게 이루어지지 않는다면 피부가 푸석푸석해지고, 노화가 빨리 올 뿐만 아니라 노폐물 배출이 원활히 이루어지지 않는다. 그러므로 최소한 하루에 2리터 이상 물을 섭취해야 하나 필요한 물의 양은 사람과 환경에 따라 달라진다.

물은 나의 건강 문제에 어떤 도움을 줄까?

내 몸이 활동하고 기능이 원활하려면 충분한 물을 마시는 것이 필요하다. 몇 가지 건강 문제도 물 섭취 증가로 건강을 되찾을 수 있다.

변비 : 물 섭취를 늘리면 매우 흔한 문제인 변비 에 도움이 될 수 있다.

요로 감염 : 최근 연구에 따르면 물 섭취를 늘리면 요로 및 방광 감염의 재발을 예방할 수 있다.

신장 결석 : 오랜 연구에서는 많은 양의 수분 섭취가 신장 결석의 위험을 감소시켰다고 결론지었지만 더 많은 연구가 필요하다.

피부 수분 : 연구에 따르면 물의 섭취는 피부에 수분 공급으로 이어지지만 이와 함께 연관성이 있는 히알루론산과 콜라겐 등을 병합 섭취 시 시너지 효과를 기대할 만하다.

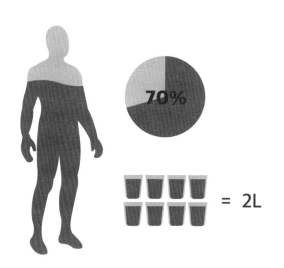

물 섭취가 에너지 수준과 뇌 기능에 영향을 줄까?

많은 사람들은 하루 종일 수분을 섭취하지 않으면 에너지 수준과 뇌 기능이 손상되기 시작한다고 한다. 이를 뒷받침하는 많은 연구가 있다.

여성을 대상으로 한 연구에 따르면 운동 후 체액 손실이 1.36% 감소하면 기분과 집중력이 저하되고 두통의 빈도가 증가한다.

대학에서 12명의 남성을 추적한 중국의 또 다른 연구에 따르면 36시간 동안 물을 마시지 않으면 피로, 주의력 및 집중력, 반응 속도 및 단기기억에 눈에 띄는 영향이 있는 것으로 나타났다.

가벼운 탈수도 신체 능력을 저하시킬 수 있다. 나이든 건강한 남성을 대상으로 한 임상 연구에 따르면 체수분이 1% 감소하면 근력, 힘 및 지구력이 감소한다고 보고했다.

미역

흔히 피를 맑게 해 주는 미역은 미네랄과 요오드가 함유되어 있다. 또한 물에 잘 녹는 섬유가 많아 우리의 피를 더럽게 만드는 독소, 그중에서도 특히, 중금속 물질을 흡착해 우리 몸 밖으로 배출하는 기능이 있다.

녹차

녹차에 들어 있는 카테킨이라는 성분은 독소를 흡착해서 침전시켜 준다. 즉 몸속에 흡수되는 것을 막아 주는 셈이다.

양배추

해독 주스에 빠지지 않는 재료인 양배추는 독소 제거에 탁월하다. 해로운 과산화지질, 유해산소 등을 억제해 주기 때문이다.

독소를 빼내는 약용식물

이러한 식재료뿐 아니라 약용식물에도 해독에 도움을 주는 것들이 있다. 약용식물이란 흔히 말해서 약으로 쓰거나 약을 만들 때 쓰이는 기본 원료를 말한다. 봄이 되면 길가나 산에서 흔히 피어 있는 모습을 볼 수 있는 식물 중에서도 효과가 좋은 약용식물이 많다. 디톡스에 열풍이 불면서 몸을 해독해 주는 식물이 많이 알려지고 많이 먹는데, 그중에서도 효과가 탁월한 약용식물을 몇 가지 소개한다.

쑥

봄이라고 하면 생각나는 대표적인 식물이다. 쑥에는 비타민과 미네랄 그리고 다량의 섬유질이 함유되어 있어서 체내 독소를 제거하는 데 아주 효과가 좋다. 피를 맑게 하여 혈액순환에도 도움이 많이 되고, 특히나 소화액 분비를 왕성하게 하여서 소화를 돕는다. 쾌변을 위해서는 쑥 요리를 해 먹는 것을 추천한다.

두릅

두릅은 봄철 약용 식물 중에서 단백질을 가장 많이 함유하고 있다. 특히 비타민 A와 비타민 C의 함량도 높아서 환절기 감기 예방에도 아주 효과적이다. 봄철이면 춘곤증에 시달리는 사람이 많은데, 두릅이 이때 도움이 된다. 또한 두릅 향기는 마음을 안정시키고, 머리를 맑게 하여 몸의 스트레스를 날려준다.

미나리

3, 4월이 제철인 미나리는 물이 있는 곳이면 어디서든 잘 자란다. 심지어 음지에서도 생명력을 발휘하며 단단한 심지와 싱싱한 초록빛 때문에 예부터 '삼덕三德' 채소로 불렸다.

몸속에 쌓인 독소 배출에 최고 중의 최고인 미나리는 효능이 많다. 우선 머리를 맑게 해 주며 간의 활동을 도와 피로 회복에 도움을 준다. 또한 미나리는 각종 비타민이 풍부하고 무기질이 많은 알칼리성 식품이다. 미나리가 초록빛을 띨 수 있는 것은 퀘르세틴과 캠프페롤이라는 성분 덕분인데, 이 성분은 대표적인 항산화 성분으로 우리 몸에 있는 활성산소를 제거하고 중금속과 독소를 배출해 준다.

씀바귀

씀바귀는 몸속의 독소를 없애는 데 좋고, 각 장기의 기능을 강화하는 데 효과적이다. 특히 씀바귀에는 시나로사이드라는 성분이 항산화 작용을 하여 우리 몸에 악영향을 미치는 활성산소를 제거하고 건강한 피부와 노화예방에 도움을 준다. 다만, 씀바귀는 열을 내리는 성질을 가지고 있어서 손발이 차거나 몸이 찬 사람은 섭취할 때는 주의해야 한다.

독소를 빼내는 생활습관

천천히 먹기

건강을 생각하고 있다면 좀 더 느리게 먹는 습관을 만드는 게 좋다. 포만감을 느끼기 전에 빠르게 음식을 먹게 되면 양도 그만큼 늘어나서 건강에도 무리가 오고, 음식물의 섭취가 늘어나면 활성산소가 늘어나면서 독소가 쌓이게 된다. 그러므로 체내 독소를 제거하기 위해서는 적은 양을 천천히 먹는 것이 좋다.

찬물로 씻기

찬물로 샤워를 하면 피부 속 혈관을 수축시키면서 근육도 긴장시켜 탄력적인 몸을 만들 수 있다. 혈액순환도 늘어나고 부신피질 호르몬 분비로 면역력도 상승해 노폐물도 활발히 제거되어 땀샘과 피지선 등 기능이 강화된다. 그러므로 하루에 한 번쯤은 찬물로 샤워하는 것이 좋다.

30분 이상 걷기

30분 이상 걷는 것은 체내 독소를 빼는 데 아주 좋다. 운동을 통해 땀이 배출되기 때문인데, 독소 또한 땀에 섞여 배출된다.

명상

몸도 디톡스가 필요하지만, 마음도 디톡스가 필요하다. 깊은 단전에서부터 숨이 내려오도록 심호흡하면서, 머릿속 생각을 비우는 게 좋다. 흔히 '멍 때린다.' 라고 하는데, 아무 생각도 하지 않고 시간을 보내는 게 정신적인 건강에 도움이 된다. 기분이 한결 가벼워질 수 있다.

뇌에 좋은 음식, 나쁜 음식

뇌에 나쁜 음식

동물성지방과 트랜스지방

채식 위주로 식사를 하는 사람에 비해 동물성 지방을 많이 섭취하는 사람이 노인성 파킨스 병에 걸릴 확률이 5배 높다는 결과가 있다. 또한 미국 조지아리젠트 의대 알렉시스 M. 스트라나한Alexis M. Stranahan 교수팀이 국제 학술지 「Brain, Behavior and Immunity」에 게재한 연구에 따르면 포화지방 섭취는 뉴런들 사이에서 의사소통이 될 수 있도록 신호를 교환하는 연결통로인 시냅스를 손상시킨다.

지방은 우리 몸에 필수 영양소라고 알려져 있는데, 한편으로 지방은 늘 문제를 일으키는 주범으로 인식되어 있다. 그렇다면 착한 지방은 무엇이고, 나쁜 지방은 무엇일까?

지방은 크게 포화지방, 불포화지방으로 나눌 수 있다.

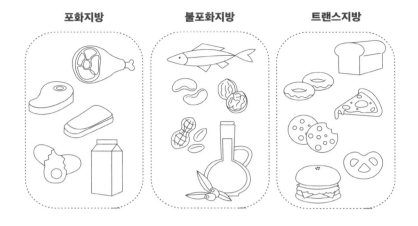

포화지방   불포화지방   트랜스지방

불포화지방은 뇌에 가장 많이 모여 있는데, 콜레스테롤 수치를 낮추어 우리 몸의 혈액순환을 돕고 혈관질환을 예방한다. 만약 불포화지방이 부족하게 되면 자주 무언가를 잊어버리거나 우울증 등이 나타날 수 있다. 즉 불포화지방은 착한 지방이다.

반면에 포화지방은 불포화지방과 달리 수소가 채워진 구조다. 형태 또한 다르다. 불포화지방은 상온에서 액체인 반해 포화지방은 고체 형태다. 그래서 포화지방은 주로 육류 지방, 버터, 치즈, 마요네즈, 라면 등에 많아 우리 몸에 적당량은 필수이기는 하지만 지나치게 많아지면 몸에 나쁜 저밀도 콜레스테롤 수치를 높여 심혈관질환과 뇌졸중 발병 위험을 높인다.

문제는 이러한 포화지방이 중독성이 있다는 것이다.

캐나다 몬트리올 대학의 스테파니 펄튼 박사는 포화지방이 뇌의 보상중추 기능을 무감각하게 만들어 마치 내성이 생기는 것과 유사한 증상을 일으킨다는 연구 결과를 발표했다.

펄튼 박사는 쥐를 대상으로 8주 동안 실험을 진행해 이 같은 사실을 밝혔다. 연구팀은 쥐를 3그룹으로 나누어 실험을 진행했는데, 첫 번째 그룹은 포화지방과 불포화지방 중 단가불포화지방을 거의 같은 양으로 배급받았고, 두 번째 그룹은 단가불포화지방이 절반을 차지하는 고지방 식단을, 그리고 세 번째 그룹은 포화지방이 절반을 차지하는 식단을 배급받았다.

8주가 지난 후 두 번째와 세 번째 그룹은 체중 차이는 크지 않았지만, 행동과 생화학 테스트에서 행복감, 만족감 같은 쾌감을 전달히는 도파민의 기능에서 큰 차이를 나타냈다. 이러한 결과는 포화지방을 많이 섭취할수록 뇌의 보상중추에서 분비되는 호르몬인 도파민의 기능이 둔해진다는 것을 보여준다. 그리고 이러한 과정은 음식을 먹어도 보상(만족감)이 줄어들어서 오히려 포화지방을 더 갈구하게 된다.

트랜스지방산은 불포화지방의 하나인데, 볶거나 튀기는 등 높은 열을 받으면 불포화지방의 이중결합이 구조적으로 '트랜스'형으로 바뀌어 트랜스지방산이라고 부른다.

트랜스지방산은 포화지방보다 더 나쁜 지방이다. 우리 몸으로 들어오면 불포화지방을 밀어내고 그 자리를 차지하기 때문이다. 트랜스지방산이 쌓이면 우리 몸에 좋은 고밀도 콜레스테롤(HDL)을 낮추고 저밀도 콜레스테롤(LDL) 수치를 높여 동맥경화, 위암, 대장암 등 혈관질환과 암을 유발한다.

트랜스지방산은 일단 몸에 들어오게 되면 쉽게 배출되지 않아서 최대한 섭취하지 않는 게 좋다. 트랜스지방산이 함유된 대표적인 음식은 마가린, 케이크, 도넛, 팝콘, 비스킷 등으로 대개 튀김류나 과자에 많다.

포도당은 단당류로써 단맛이 있고 물에 잘 녹으며 우리 몸에 들어와 에너지원으로 소비된다. 뇌는 우리 몸의 다른 곳의 대사 속도에 비해 7.5배나 빠르고, 그만큼 순간순간 포도당의 힘을 빌린다. 그래서 건강한 뇌를 위해 포도당은 원활하게 공급되어야 한다.

그런데 포화지방은 이러한 포도당의 공급을 방해하는 가장 큰 요소다. 포화지방이 지나치게 많아지면 몸의 혈당을 낮추는 인슐린이 제 기능을 하지 못하게 된다. 만약 인슐린이 정상적이더라도 세포가 혈당을 제대로 사용하지 못하게 된다.

뇌신경세포가 포도당을 충분히 공급하지 못하게 되면 우리는 기억력, 주의력, 신경과민 등 뇌 기능에 문제가 생길 수 있다. 이처럼 지방을 지나치게 섭취하면 인슐린 저항, 뇌 기능 이상 등 당뇨병 환자와 비슷한 증상을 보이게 된다.

포화지방을 많이 먹으면 기억력이 떨어진다는 연구 결과가 있다.

조지아 리젠트 의과대학 신경과학 · 재생의학과의 알렉시스 스트래너한 박사는 국제학술지 「Brain, Behavior and Immunity」에 이와 같은 연구 결과를 발표했다.

연구팀은 실험용 쥐를 두 그룹으로 나누었다. 그리고 첫 번째 그룹에는 포화지방이 전체 식단의 10%를 차지하는 식단을, 두 번째 그룹에는 60%를 차지하는 먹이를 주면서 4주, 8주, 12주 단위로 체중과 혈당, 인슐린 저항, 그리고 시냅스의 수 등을 측정했다.

그 결과, 12주가 지나가면서 포화지방이 60% 함유된 식단을 먹은 쥐들은 염증을 유발하는 사이토킨의 수치가 증가하면서 시냅스의 수가 줄어들고 기능 또한 떨어졌다. 그 후 2개월간 다시 저지방 식단을 섭취하자 실험 쥐의 절반은 시냅스 기능이 회복됐다.

스트래너한 박사는 이 결과에 대해 "해마의 시냅스가 줄고 기능이 떨어졌다는 것은 해마가 맡은 기억기능도 저하됐다는 증거다." 라고 전했다.

트랜스지방산 또한 많이 섭취하면 기억력이 떨어질 수 있다는 연구 결과가 있다.

미국 샌디에이고 캘리포니아 의과대학 가정·예방의학과 연구팀은 건강한 45세 이하의 남녀 1,018명을 대상으로 트랜스지방산 섭취량을 조사하고 기억력 테스트를 시행했다. 그 결과, 트랜스지방산을 많이 섭취한 사람은 테스트 성적이 떨어지는 것으로 나타났다.

연구팀은 대상자들의 식습관을 자세히 조사하고, 평소에 먹는 과자, 마가린 등에 함유된 트랜스지방산을 합산했다. 또한 낱말이 적힌 카드를 이용해 기억력 테스트를 시행했는데, 트랜스지방산 하루 섭취량이 1g 증가할 때마다 테스트에서 틀린 개수가 0.76개씩 증가했다. 이에 비례해 트랜스지방산 섭취량이 가장 높은 그룹은 기억력 테스트 성적 또한 가장 낮았다. 놀라운 점은 이러한 경향이 오히려 나이가 어린 그룹에서 더 두드러졌다는 것이다.

트랜스지방산은 치매와도 관련이 있는 것으로 나타났다.

미국 「신경학저널」은 남녀 1,600명 이상을 10년 이상 관찰한 결과, 혈액 내 트랜스지방산 함량이 높았던 사람들은 그렇지 않은 사람보다 알츠하이머나 치매에 걸릴 가능성이 50~75%나 높다고 전했다.

이러한 결과에 대해 시카고 러시 알츠하이머 질병센터(Rush Alzheimer's Disease Center)의 닐럼 아가르왈 박사는 "뇌의 인식 능력 저하가 트랜스지방의 함량이 높은 식단과 관련이 있음을 보여준다." 라고 전했다.

트랜스지방산은 비단 뇌에만 문제를 일으키는 것이 아니다. 트랜스지방산의 섭취는 관상동맥질환과 많은 관련이 있다. 미국에서 6년간 조사한 결과 트랜스지방산의 섭취량이 늘어날수록 심혈관질환 발병이 증가하였고, 나쁜 콜레스테롤이 증가하는 결과가 나왔다. 특히 임산부의 경우 태아의 성장에 영향의 끼쳐 생장을 저해할 수 있다.

또한 동일한 조건에서 트랜스지방산의 영향을 비교했을 때, 유방암에 걸릴 확률이 트랜스지방산을 섭취한 쪽이 20%나 높았다고 보고되었다. 이는 고온 가열처리로 인하여 변화된 성분이 암을 유발하기 때문인데, 이에 대해서는 더 많은 연구가 필요하다고 볼 수 있다.

나쁜 지방 섭취를 줄이는 방법이 있을까?

트랜스지방은 육류와 유제품에서 자연적으로 생겨나지만 인위적으로 만든 음식에서 가장 많이 함유되어 있다.

인공 트랜스지방은 액체 식물성 기름에 수소를 첨가해 더욱 고체화시키는 과정에 의해 만들어진다. 트랜스지방은 값이 저렴하고, 음식의 맛과 식감을 좋게 만들기 때문에 자주 사용된다. 트랜스지방은 튀김류 외에도 커피 크림, 케이크, 냉동식품, 쿠키, 비스킷 등 수십 가지의 가공식품에 들어 있다.

나쁜 지방인 트랜스지방산과 포화지방은 줄이는 게 좋다.

사실 먹지 않는 게 가장 좋은 방법이지만 현대 사회에서는 먹더라도 최대한 적게 섭취하는 게 최선이다. 일상생활에서 어떻게 트랜스지방산 섭취를 줄일 수 있을까?

우리 입으로 음식이 들어오기까지 3단계에 걸쳐 트랜스지방산을 줄일 수 있다.

식품을 구매하고, 조리하고, 먹는 순간이다.

성인의 하루 평균 섭취열량 기준을 2,000kcal로 잡으면, 하루 권장 트랜스지방산은 2.2g 정도이다. 종류에 따라 차이가 있지만, 도넛은 1개에 3g, 케이크는 1조각에 2g, 과자는 1봉지에 2g 정도 트랜스지방산이 들어 있다. 하나만 먹어도 하루 권장량을 넘기는 수준이다. 그러므로 식품을 구매할 때는 특히, 가공식품을 고를 때는 영양성분표시의 트랜스지방산 함량을 확인해야 한다. 또한 빵을 고를 때는 퍽퍽하더라도 마가린이 적게 들어간 것으로 구입하고, 육류를 살 때는 지방과 껍질이 적은 것이 좋다.

음식을 조리할 때는 올리브유 같은 식물성 기름을 써야 하며, 튀김 요리를 할 때는 액상 식용유를 사용하도록 한다. 특히 식용유로 튀김을 할 때는 튀기는 횟수가 늘어날수록 트랜스지방산 또한 증가한다. 그러므로 식용유를 다섯 번 이상 재사용하는 일은 피해야 한다. 또한 마가린보다는 버터를 사용하는 게 좋으며 원재료명에서 쇼트닝이나 마가린, 정제가공유지 등 경화유를 사용한 원료 제품을 피해야 한다.

더 좋은 방법은 튀기는 조리 방법이 아니라 굽거나 졸이거나 데쳐 먹는 방법이 좋다. 음식이 산패할 경우 트랜스지방산이 생성되므로 식용유는 밀봉한 후에 어두운 곳에 보관해야 한다.

음식을 먹을 때는 가공식품이나 인스턴트류보다는 자연식품을 먹는 게 좋고, 치킨은 껍질 없이, 라면은 뜨거운 물에 면을 끓여 기름기를 뺀 후에 다시 새로운 물에 끓여 먹는 게 좋다.

트랜스지방산을 먹는 대신 착한 지방인 불포화지방을 섭취하는 것도 좋은 방법이다.

고기 같은 육류에는 포화지방이 많이 들어가 있으므로 불포화지방이 많이 함유된 생선을 먹는 것이 그중 한 가지다. 생선에는 콜레스테롤(LDL)의 농도를 감소시키는 오메가-3 지방산이 풍부한 만큼 연어, 고등어, 정어리 등의 등푸른생선을 자주 섭취하는 게 좋다.

또한 간식을 먹을 때는 과자나 비스킷 같은 가공식품보다 견과류를 먹어야 한다. 견과류 또한 분명히 지방 함량이 높지만, 대부분 불포화지방산이다. 따라서 견과류는 하루 한 줌 정도 섭취하는 게 바람직하다.

당분

미국 캘리포니아 대학교 로스앤젤레스 캠퍼스 연구팀에 따르면 과당이 많이 함유된 식단은 뇌를 손상한다. 연구팀이 실시한 실험에서 과당을 섭취한 실험쥐는 뇌의 시냅스 활성에 손상을 입었고, 뇌세포 간의 소통 또한 영향을 미쳤다. 특히 가공식품에 첨가된 액상은 뇌에 좋지 않은데, 뇌에 좋은 오메가-3 지방산과 함께 섭취하더라도 액상과당을 전혀 섭취하지 않았을 때보다 더 기억력이 떨어지는 결과를 보였다.

최근 식약처에서 조사한 바에 따르면, 우리나라 국민이 하루에 섭취하는 평균 당 섭취량이 섬섬 늘고 있으며 특히, 10대와 20대 등 젊은 세대가 당분을 지나치게 섭취하고 있는 것으로 나타났다. 실제로 어른보다 어린이가 단맛을 더 좋아하는데, 이는 어린이가 어른보다 단맛을 느끼는 미각이 발달해 있기 때문이다. 설탕에서 단맛을 느끼려면 어른의 경우 농도 1.32%가 필요하지만, 어린이는 0.68%의 농도만 있어도 달다고 느낀다.

단맛이 아닌 다른 맛들은 일정한 농도 값을 넘으면 쾌감에서 불쾌감으로 변화를 보인다. 특히 짠맛은 정도가 지나치면 쓰게 느껴진다. 하지만 단맛은 농도와 관계없이 일관되게 달다. 그래서 강한 단맛을 맛보아도 불쾌하지 않아 계속 단맛을 즐기게 된다. 이렇듯 당분은 우리도 모르는 사이에 중독되기 때문에 악순환을 반복해서 더욱 문제가 된다. 당분을 섭취하면 혀의 미뢰가 활성화하면서 뇌의 보상중추를 자극하여 기분을 좋게 만드는 도파민 호르몬을 분비하게 만든다. 단것을 먹으면 일시적으로 기분이 좋아지는 것도 이러한 이유 때문이다.

하지만 보상중추가 계속해서 활성화되면 당분을 계속 섭취하고 싶어지거나 식탐이 늘어나게 된다.

미국 조지아주 신경과학연구소 마리스 페어렌트 박사는 과당을 지나치게 섭취하면 뇌 건강이 위험해지며 특히, 공간기억력이 떨어진다고 말했다. 페어렌트 박사는 실험용 쥐에게 물속에 있는 발판을 찾도록 반복하여 발판이 어디쯤에 있는지 기억하게 만든 후, 이틀 동안 전체 식사량의 60%가 과당인 먹이를 배급했다. 그리고 다시 물속에 있는 발판을 찾는 실험을 실시했다. 그 결과, 대부분 쥐들은 발판을 잘 찾지 못했으며 성장이 끝난 쥐 또한 마찬가지였다.

페어렌트 박사는 과당은 포도당과 다르게 간에 의해서만 처리가 될 수 있어서 중성지방으로 만들어지면 혈관으로 들어가 뇌세포의 성장과 가소성에 기여하는 뇌의 인슐린 신호전달을 방해하게 된다고 밝혔다. 다시 말해, 지속적으로 당을 많이 먹으면 뇌 건강에 문제가 생길 수 있다.

뇌에 좋은 음식

다행인 점은 뇌에 좋지 않은 음식보다 좋은 음식이 더 많다는 것이다.

뇌는 우리 신체의 어떤 곳보다 더 에너지와 영양소가 필요한 기관이다. 뇌의 무게는 체중의 2%에 불과하지만, 뇌 한 곳에서 우리가 하루에 쓰는 열량의 20%를 사용한다.

뇌세포를 구성하는 데에는 단백질과 지방이 필요하고, 포도당은 에너지원으로 쓰이며, 비타민은 우리의 집중력을 높이고 노폐물을 없애는 데 도움이 된다. 그러므로 영양 성분을 골고루 섭취하고 흡수가 잘 되는 음식을 얼마나 잘 먹느냐에 따라 뇌 기능을 더 잘 활용할 수 있다.

비타민 C

항산화 비타민과 미네랄이 포함된 식품을 섭취하면 산화 스트레스와 뇌 손상을 막을 수 있다. 노인의 경우 항산화제가 부족하면 인지기능 손상이 심해질 수 있으니 필수 영양소라고 할 수 있다.

항산화 비타민 A와 C는 채소와 과일을 통째로 섭취하는 게 좋다. 특히 항산화제 비타민 E와 셀레늄은 아몬드, 브라질너트 같은 견과류에 가장 많이 포함되어 있다. 하지만 보조제를 일일권장량 수준을 초과하는 것은 바람직하지 않다.

비타민 C는 뇌세포를 손상시키는 활성산소를 억제하고 뇌의 혈행을 개선시키는 것으로 유명한 항산화식품이다. 하루에 1,000mg 이상은 섭취하는 게 좋다.

비타민 C는 천연 항산화제다. 그러므로 비타민 C 자체만으로 뇌내 수용체와 세포를 '보존'할 수 있다. 만약 인체에 비타민 C가 부족한 상황이 오면 비타민은 신체의 다른 부위보다 뇌에 가장 오래 머무를 정도로 뇌는 비타민을 필요로 한다.

만약 뇌에 비타민이 부족해진다면 괴혈병이 일어날 수도 있다. 괴혈병의 흔한 증상 중 하나가 우울증인데, 마찬가지로 GABA 수용체들이 제대로 기능하지 못해 뇌, 신경세포에 장애를 초래한 경우다.

비타민 C 연구의 대가로 알려진 미국의 피오나 해리슨Fiona Harrison 교수는 비타민 C가 부족하면 알츠하이머 발병에 영향을 줄 수 있다고 말한 바가 있다. 해리슨 교수는 "체내 비타민 C 수치는 신경근육 및 기억력 결손과 직결되며 비타민 C 섭취는 인지능력 그리고 노화를 진행시키는 산화 스트레스에 효과가 있는 것으로 보인다"고 강조했다.

또한 미국 존스홉킨스 의대 에드거 밀러Edgar Miller III 교수는 '비타민 C 보충이 혈압에 미치는 영향(Vitamin C Supplements effects on Blood Pressure)'이라는 주제로 비타민 C가 혈압을 낮추는 효과가 있다고 발표한 적이 있다.

밀러 교수는 실험을 통해 비타민 C를 매일 60~4,000mg 정도 복용한 1,407명을 조사한 결과 비타민 C 섭취가 단기적으로 혈압과 산화 스트레스를 감소하고, 혈관을 확장시켰다고 밝혔다.

같은 원리로 알츠하이머 예방을 위해서도 비타민 C를 섭취해야 한다. 실제로 알츠하이머 환자에서 비타민 C의 혈장 수치가 건강한 사람보다 낮다는 결과가 있다.

독일 울름대학교 가브리엘레 나겔 박사는 "비타민 C, 베타카로틴과 치매의 상관관계를 발견했다며, 알츠하이머 치매환자는 비타민 C 수치가 현저히 낮다"고 발표한 바가 있다.

연구팀은 65세에서 90세까지 알츠하이머 치매를 앓고 있는 74명의 환자와 건강한 158명의 일반인을 대상으로 생활습관을 조사했다. 연구 결과, 알츠하이머 치매환자는 일반인보다 비타민 C와 베타카로틴의 혈중 수치가 현저히 낮게 나타났다.

감자

감자는 사과의 6배에 달하는 비타민 C를 함유하고 있다. 대부분 비타민 C는 오렌지와 같은 감귤류 과일에 많다고 알려져 있지만, 20세기 대부분의 영국 식단에서 비타민 C를 담당하던 것은 감자였다. 작은 감자를 기준으로 할 때, 감자 하나는 하루 비타민 C 권장 섭취량의 약 15%를 함유하고 있다. 비타민 C는 면역 기능을 증진할 뿐만이 아니라 항산화물질을 포함한다. 특히 감자 껍질에서 이로운 영양분이 많으므로 깨끗이 씻어서 껍질째로 먹는 게 좋다.

또한 감자는 칼륨을 함유하고 있어서 심장질환을 예방하는 데 도움이 된다. 칼륨이 과도하게 많거나 없으면 심장 기능에 문제가 생기게 된다. 감자를 통해 칼륨을 충분히 섭취하면 혈압을 낮추는 데 도움이 되고, 감자에 들어 있는 클로겐산 또한 혈압을 낮추는 기능을 한다. 다만 만약 신장질환이 있다면 감자를 적당량 혹은 그 이하로 먹는 게 좋다.

뇌 손상을 막는 비타민 E

비타민 E는 지나치게 생성되면 우리를 노화로 이끄는 활성산소의 적이다. 「뇌졸중(Stroke)저널」에 실린 논문에서는 비타민 E의 하나인 토코트리에놀이 뇌졸중 치료에 효과가 있다고 밝혔다.

이러한 내용은 미국 오하이오주립대 메디컬센터의 캐머론 링크 박사의 말과 동일한 부분이다. 링크 박사는 우리의 뇌혈관이 막히면 주변 혈관을 넓히고 뇌혈류를 다른 곳으로 우회하게끔 만드는 동맥 리모델링(arteriorgenesis)을 촉진하는 것이 바로 토코트리에놀이라고 발표하였다.

또한 건강한 심장을 위한 영양소로 불리는 비타민 E는 하루에 400~800IU 정도 섭취하면 심근경색의 위험을 감소시켜 준다고 발표할 정도로 건강한 심장을 만드는 데 도움을 준다. 비타민 E의 농도가 높을수록 심혈관질환으로 사망과 심근경색의 위험을 줄일 수 있다는 연구 결과도 있는데, 비타민 E는 또한 세포의 손상을 막는 활성산소와 싸우는 역할을 한다.

비타민 E는 지용성 비타민이므로 적정함량을 섭취하여야 하고 항혈액

응고치료를 받는 환자나 수술환자는 고용량의 비타민 E를 섭취하는 것을 피하는 것이 좋다.

비타민 E가 풍부한 음식으로는 아몬드, 땅콩과 같은 견과류, 해바라기씨와 같은 씨앗, 식물성 기름, 잎채소 등이 있다.

검은 참깨

검은깨에 관한 기록은 다양하고 많다.

신라시대 화랑은 일곱 가지 곡식을 섞은 자연 영양식을 선호했는데, 그 중 하나가 검은깨였다. 중국에서는 검은깨를 불로장수 식품으로 여겼으며, 우리나라도 몸에 이로운 곡식이라고 하여 '거승巨勝'이라고 부르기도 했다.

또한 동의보감에는 '참깨를 오랫동안 먹으면 몸이 가뿐해지고 오장이 윤택해지며 머리가 좋아진다.' '독이 없고 기운을 돕고 골수, 뇌수를 알차게 하며 힘줄과 뼈를 견실하게 하고 얼굴빛을 젊어지게 한다.' 라고 기록하고 있다. 또한 '검은깨 서 말만 먹으면 황소도 이긴다'는 옛말이 있을 정도로 대중에게도 건강식품으로 여겨져 왔다.

참깨는 다양한 영양 성분을 함유하고 있지만, 그중에서도 특히 세포를 구성하는 지질이 45~55%를 차지한다. 또한 뇌신경세포의 주성분인 아미노산을 가지고 있어서 두뇌에 좋은 식품으로 늘 꼽힌다.

검은깨에는 레시틴이라고 하여 뇌를 활성화하는 성분이 많다. 레시틴은 대뇌 발달을 도우며 뇌의 기능을 촉진하는 데 꼭 필요한 성분이다. 신경신호를 전달하는 기능을 활성화 하는 데 핵심적인 성분이기도 한다. 레시틴을 자극하는 덕분에 뇌를 맑게 만들어 집중력, 기억력을 증진하는 데도 도움이 된다.

이러한 레시틴은 신진대사, 혈액순환에도 효과적이다. 동맥경화와 고혈압에 도움이 되며 특히, 마그네슘 함량이 높아서 고혈압환자의 혈압을 안정적으로 만드는 데 좋다.

동의보감에서 검은깨가 '얼굴빛을 젊어보이게 한다.' 라고 했는데, 이 또한 거짓은 아니다. 검은깨에는 아연이 많아서 피부에 탄력을 주고, 콜라겐을 만들어내는 데 도움이 된다. 이뿐만 아니라 비타민E가 함유되어 있어 피부건조증, 가려움증을 완화하는 데 도움을 주며 피부를 건강하게 만든다.

오메가-3

기억력 감퇴를 막는 최고의 방법은 뇌세포가 서로 원활하게 소통하도록 만드는 것이다. 신속하고 정확하게 정보를 주고받는 것이다. 그런데 우리 몸에 노화가 시작되면 신경세포가 수축되면서 평소만큼 영양 성분을 충분히 수용하기가 힘들어진다. 이에 따라 뇌가 신경전달물질을 덜 생산하게 되고, 세포 사이의 정보교환 능력과 기억력이 떨어지게 된다.

오메가-3 지방산 중 특히, DHA는 신경세포 사이의 효율적인 신호전달을 촉진한다. DHA는 체내 염증 수치를 떨어뜨리고 집중력을 향상하며 기억력 손실을 막는 역할을 한다.

미국에서 진행한 프라밍햄 연구(Framingham Study)에서는 혈중 DHA 농도가 감소하면 인지능력이 떨어진다고 밝혔다. 평균 연령이 76세인 노인 899명을 9년 동안 추적 조사를 한 결과, 혈중 DHA 수치가 상위 25%인 그룹은 하위 25% 그룹보다 치매 발병 위험이 47% 감소했다. 또한 일주일에 한 번 이상 생선을 먹은 68세 이상 노인 1,600명을 7년 동안 관찰했더니 알츠하이머 발병 위험이 35%나 감소했다는 프랑스 연구 결과도 있다.

국제학술지 「신경학(Neurology)저널」에 실린 논문에서는 폐경기 후 여성이 오메가-3 지방산인 EPA와 DHA를 섭취하면 뇌의 부피가 늘어난다고 전했다. 뇌 부피가 줄어들면 알츠하이머 발병률이 높아지는 만큼 중요한 부분이다.

하지만 우리 몸은 자체적으로 오메가-3 지방산을 생산할 수 없으므로 반드시 음식물을 통해 보충해야 한다. 생선이 가장 좋은 공급원이고 시금치와 같은 잎채소, 카놀라유와 같은 식물성 오일, 달걀, 호두 등도 좋다.

오메가-3는 뇌의 발달과 아주 관련이 깊다. 뇌의 발달과 기능에 필요한 지방산을 함유하고 있어 하루에 1,000mg을 섭취하길 권장한다.

오메가-3를 구성하는 DHA와 EPA는 신경세포와 성분이 같다. 그래서 오메가-3 지방산은 뇌에 있는 혈액이 원활하게 흐르도록 하는 데 도움을 준다. 하지만 오메가-3 지방산은 우리 몸에서 자체적으로 만들어내지 못하므로 반드시 음식으로 섭취해야 한다.

미국 사우스다코타대학 건강진단실험실 제임스 포탈라 박사팀은 혈중 오메가-3 지방산의 농도가 높은 여성의 뇌는 그렇지 않은 여성보다 1~2년 더 젊고, 뇌의 부피가 0.7% 정도 더 크다고 「신경학」지에 발표했다.

연구팀은 여성 1,111명을 대상으로 뇌를 조사했다. 자기공명영상을 촬영해 뇌의 8년 전 크기와 당시 크기를 비교하며, 혈중 오메가-3 지방산 농도를 측정하여 뇌의 부피 변화를 연구했다. 그리고 그 결과, 혈중 오메가-3 지방산의 농도가 높을수록 노화가 진행되더라도 뇌가 작아지는 현상은 적었다고 밝혔다. 특히 대뇌 측두엽에 있는 해마는 오메가-3 지방산이 많을수록 큰 것으로 나타나, 연구진은 해마가 기억에 관여하는 부위인 만큼 오메가-3와 각종 치매질환이 관계가 있을 것이라고 추측했다.

등푸른생선에는 DHA가 많이 함유되어 있으므로 참치, 고등어, 꽁치, 장어, 정어리 등을 자주 먹는 게 좋다. 생선 기름에 있는 오메가-3는 심장질환의 위험을 낮추는 데 아주 중요한 작용을 하기도 한다. 심장박동수를 조절하고 나쁜 콜레스테롤은 낮추고 좋은 콜레스테롤을 높여 수면서 염증과 혈괴를 최소화시켜 주어 혈관 건강을 유지하는 데 도움을 준다.

칼슘과 마그네슘

칼슘과 마그네슘은 심장을 건강하게 유지하는 데 중요한 역할을 한다. 지방이나 콜레스테롤과 결합하여 콜레스테롤 수치를 낮게 만들어 주는 게 효능 중 하나이다.

또한 '눈밑 떨림'이라고 하면 떠올리는 마그네슘은 우리 신체에 필수 미네랄이다. 마그네슘은 불규칙한 심장박동을 규칙적으로 만들어 주어서 '천연 진정제' 또는 '근육 이완제'라고 불리기도 한다.

마그네슘과 칼슘은 특히, 관계가 깊다. 세포 내 칼슘량이 증가하면 혈관이 좁아져 혈압이 상승하게 되는데, 마그네슘은 칼슘이 세포 내에 들어오지 못하도록 막아주는 기능을 한다. 칼슘 침착을 예방해 신장 결적이나 석회화를 막는 것이다.

하지만 칼슘 또한 우리 몸의 필수 요소이다. 칼슘은 혈액에 있는 마그네슘, 인 및 칼륨의 수준을 적절하게 조절하고, 우리가 익히 알고 있는 골격과 근육뿐만 아니라 호르몬 분비, 혈압 수치 등 다양한 기능을 강화하고 기여한다.

마그네슘은 주로 정제되지 않은 곡물, 콩류, 두부, 견과류, 바나나 등 주로 식물성 식품에 많이 함유되어 있고, 칼슘은 우유, 콩, 멸치, 콩 등에 포함되어 있다. 하지만 칼슘은 커피, 콩, 녹색잎채소를 지나치게 섭취하면 칼슘의 흡수율이 낮아져 효과가 없으므로 1:1 비율로 먹는 게 좋다.

치즈

아이오와주립대학의 연구원들은 46세에서 77세 사이의 참가자를 대상으로 하여 유동성 지능(Fluid intelligence)을 측정했다. 유동성 지능이란 사전 지식이 없더라도 그 자리에서 생각하거나 문제를 해결하는 능력을 뜻한다.

연구에 따르면 나이가 들어감에 따라 유동성 지능이 줄어들어 알츠하이머병에 노출될 위험 또한 증가하지만, 식습관이 유동성 지능에 영향을 미친다.

연구진은 과일과 채소, 생선, 고기, 빵, 커피 등을 포함하여 49가지 식품을 섭취하게 하고, 참가자들의 유동성 지능을 비교했다. 그러자 매일 치즈를 먹은 사람들은 시간이 지날수록 유동성 지능 점수가 더 높아졌다.

연구 저자이자 식품 과학 및 인간 영양학 조교수인 오리엘 웰렛Auriel Willette은 이러한 결과에 대해 "매일 치즈를 먹는 것이 현재의 코로나-19 팬데믹에 대처하는 데 도움이 될 뿐만 아니라 점점 더 복잡해지는 세상을 대처하는 데도 도움이 된다."라고 전했다.

시금치

뇌에는 지방이 많고 산소와 포도당을 주로 쓰기 때문에 활성산소의 공격에 따라 산화되기 쉽다. 활성산소란 음식물이 소화되고 에너지를 만들어내거나 혹은 우리 몸 안에 들어온 세균 또는 바이러스를 없앨 때 만들어지는 부산물로써 우리 몸을 돌아다니면서 질병을 일으키는 물질인데, 이에 뇌세포막 지방이 산화되면 포도당을 운반하기 어려워진다. 포도당을 운반하지 못하면 신경전달 물질을 분비하는 기능이 떨어지게 된다.

하지만 다르게 말하면, 항산화물질을 섭취하면 노화를 막는 것은 물론 세포막을 보호할 수 있다는 뜻이 된다. 항산화물질로는 비타민 A, C, E, 코큐텐, 셀레늄 등이 있고 이러한 성분은 과일과 채소에 들어 있다. 그러므로 평상시 시금치, 토마토, 당근, 브로콜리를 자주 먹으면 좋다.

특히 시금치가 뇌 건강에 좋은 이유는 시금치가 많이 함유한 엽산 때문이다. 시금치를 포함하여 푸른 잎채소에 주로 들어가 있는 엽산은 뇌 기능을 개선하여 치매 위험을 줄이는 데 효과가 있다. 시금치에는 또한 항산화물질이 있어서 세포막을 보호하여 뇌의 노화 현상을 예방할 수 있다. 1999년 미국에서는 시금치가 기억력을 유지하고 치매를 예방하는 '두뇌 식품'이라고 발표하기도 했다.

비타민 B

사람의 뇌는 노화가 빠르다. 기능에 대한 노화뿐만이 아니라 겉으로 외관도 늙어간다. 실제로 뇌의 부피와 무게는 40세부터 점차 줄어들어 10년 마다 5%씩 감소한다.

뇌의 노화를 늦추려면 '비타민 B12'를 섭취해야 한다. 비타민 B12는 신경 세포를 만들면서 보호하고, 세로토닌이나 도파민 같은 신경전달물질을 분비하여 두뇌가 원활하게 기능하도록 돕는다.

그렇다면 비타민 B12는 어디서 섭취할 수 있을까?

비타민 B12는 채소, 과일에는 거의 없고 그 대신 동물성 식품에 주로 함유돼 있다. 우유를 포함한 유제품과 생선류, 계란 등이 대표적인 비타민 B12 음식이다. 하지만 음식을 통해 비타민 B12를 섭취하는 것보다는 영양제로 보완하는 게 더 효과적이다. 식품만으로 비타민 B12을 권장량만큼 먹으려면 그 양이 어마어마하기 때문이다.

비타민 B12를 영양제로 섭취할 때는 비타민 B12 단일 제제보단 비타민 B군이 모두 포함된 제품을 선택해야 하는데, 비타민 B군은 총 8가지로 가짓수가 많은 편이다.

비타민 B3는 순환계의 건강과 두뇌로의 혈류를 증진하는 데 도움이 많이 되고, 비타민 B12는 두뇌의 노화와 혈전의 축적의 원인 물질인 혈중 호모시스테인의 수준을 감소시켜 준다. 또한 비타민 B6는 스트레스의 영향을 줄이고, 기억을 유지하는 데 도움을 많이 준다.

아울러 영양제의 원료도 중요하다. 비타민 B 영양제의 원료는 합성 혹은 천연으로 나뉜다. 당연한 이야기지만, 화학적인 방법을 거친 것보다는 건조효모 등의 자연물에서 추출한 비타민이 품질 면에서 더 우수하다.

천연 비타민은 우리 몸이 수월하게 받아들일 수 있고 체내 안전성도 높으며 체내 물질대사에 관여하는 효소, 조효소, 산소, 미량 원소까지 고스란히 갖고 있어 생체 이용률도 우수하다.

코엠자임 Q10

코엠자임 Q10(코큐텐)은 세포의 에너지를 만들 때 필요하다. 세포 속에 있는 미토콘드리아라는 기관이 세포호흡을 하도록 만드는 것으로 모든 세포에 존재하지만, 에너지를 많이 쓰는 세포에 특히 더 많이 존재한다.

미국 뉴욕의 브루클린 연구원들은 코큐텐이 치매환자와 우울증환자의 인지기능을 향상한다고 보고했다. 지금도 통합치료 프로그램에 사용되고 있을 정도로 유용성 있는 영양소이기 때문에 하루에 30mg 섭취할 것을 권장한다.

또한 코큐텐의 수치가 떨어지는 가장 흔한 요인은 노화인데, 그 반대로 코큐텐은 건강한 심장을 위한 강력한 항산화제이다. 미토콘드리아를 재생시켜 심부전증이나 정맥압의 상승으로 고생하는 환자들에게 중요하다.

코큐텐의 효능으로 첫 번째는 심혈관의 건강을 유지하는 것이다.

심장은 신체에서 코큐텐이 가장 많은 기관이다. 심장은 신생아일 때에는 분당 120~140회, 성인이 된 후에는 분당 60~100회 속도로 뛰어야 하기 때문에 코큐텐이 특히, 더 필요하다. 실제로 심장질환을 앓고 있는 사람들의 대부분이 코큐텐 수치가 낮다.

또한 코큐텐은 콜레스테롤 약을 복용했을 때 나타나는 근육통을 감소한다. 스타틴은 고지혈증에 쓰는 약물로, 심혈관계 이상 증상과 사망률을 낮춘다. 하지만 스타틴은 콜레스테롤과 동시에 코큐텐 수치도 덩달아 낮추게 된다. 코큐텐이 감소하면 이는 곧 미토콘드리아에 장애를 유발해 근육통을 일으킬 수 있다. 그래서 콜레스테롤 약을 복용하는 사람은 특히, 더 코큐텐을 보충할 필요가 있고, 이는 곧 근육 통증을 완화하는 데 도움이 된다.

코큐텐이 풍부한 음식에는 소고기, 달걀, 생선, 시금치, 브로콜리 등이 있다.

글루타민과 글리신

글루타민과 글리신은 아주 생소한 영양소일 법하다. 글루타민과 글리신을 복용한 노인분이 기억력과 활력, 성장호르몬까지 많이 개선되었다고 보고됐을 만큼, 기억력과 인식력 개선에 아주 좋은 영양소다.

기억력을 증진시켜 주는 차

다양한 약초를 넣은 차는 기억력 상승하는 데 도움이 될 수 있다. 카모마일차나 레몬차는 기억상실과 관련된 스트레스를 완화하는 데 도움이 많이 되고, 녹차나 홍차는 기억력과 지적기능을 개선하는 데 많이 도움을 준다.

기억력 향상을 위한 플라보노이드

노랗다는 뜻의 라틴어 'flavus'에서 유래한 플라보노이드는 주로 채소, 과일, 허브와 같은 식물성 식품에 들어 있다. 플라보노이드는 항산화물질로, 심장질환의 위험률을 떨어뜨리고 체내 염증을 줄이는 기능을 하는 영양 성분이다. 또한 노화가 진행되는 뇌 건강에도 유익하다. 치매를 일으키는 원인인 '아밀로이드 플라크'가 형성되는 것을 방해해 신경세포 간의 정보교환을 원활하게 만들기 때문이다.

「미국신경외과학회 저널」에 발표된 논문에서는 플라보노이드가 많이 함유되어 있는 베리류를 자주 먹는 여성은 그렇지 않은 여성보다 2년 정도 기억력 감퇴 속도가 지연됐다고 말한다.

플라보노이드는 , 베리류 과일, 잎채소, 커피, 다크 초콜릿, 레드와인 등에 많이 함유되어 있다.

비타민 B12(엽산)

위에서 언급했던 비타민 B12 부족과 인지능력은 깊은 상관관계가 있으므로 연어, 정어리, 참치, 소고기 같은 동물성 단백질을 자주 섭취해야 한다.

특히, 엽산에 관해서 다양한 결과가 나와 있다. 미국 정부는 1996년부터 98년까지 2년에 걸쳐 엽산을 강화하라는 이행명령을 내린 적이 있다. 합법적이고 자연적인 이 실험의 결과는 비록 짧은 시간이지만 뚜렷하게 나타났다.

연구팀은 1993년부터 2001년 사이에 태어난 8세부터 18세 사이의 아동과 청소년들의 뇌 자기공명영상을 관찰했다. 그 결과, 정책 이후 태어난 청소년들의 두뇌 조직은 현저하게 두꺼워지고 조현병과 관련된 영역의 대뇌피질은 얇아짐이 지연되는 특징을 보였다. 엽산 강화 시행을 시작한 이후에 태어난 청소년들에게서 '피질이 얇아지는 현상이 지연되는 것'은 정신병 위험의 감소와 깊은 관련이 있었다.

현재 우리나라에서도 엽산은 임신 중일 때 필수로 복용해야 하는 영양제로 꼽힌다. 이러한 엽산은 녹색잎채소, 아스파라거스, 브로콜리, 싹 양배추, 아보카도 등 진녹색 채소를 통해 섭취하면 좋다.

물

뇌의 약 75%는 물로 이루어져 있다. 우리 몸은 수분이 1~2%만 부족해도 심한 갈증이 느끼고, 물을 충분히 섭취하지 않으면 탈수증상처럼 경미한 정신장애가 일어날 수 있다. 하지만 경미하더라도 탈수증상은 뇌로 가는 혈류를 억제하므로 수시로 물을 마시는 습관을 들여야 한다.

미국 건강정보사이트(Psychology Today)에서는 물을 마시면 기억력과 집중력이 향상된다고 밝혔다. 실험 참가자들은 전날 밤부터 단식을 시작했고, 그 후에 인지능력 검사를 진행했다. 검사 결과 시험 전 물을 500㎖ 마신 사람은 물을 마시지 않은 사람에 비해 더 나은 인지능력을 나타냈다.

실제로 많은 노인이 일일 물 권장량을 마시지 않는데, 의식적으로 물을 마시는 게 좋다. 예를 들어 시간을 맞춰두고 한 컵 가득 물을 마시거나 식사를 하기 전에 마시는 등 수시로 섭취하도록 노력해야 한다. 또한 오이, 수박, 양상추 같은 식품에도 수분이 있으므로 영양제처럼 생각하며 먹는 게 좋다.

파이토 뉴트리언트

파이토뉴트리언트는 대부분 사람에게 생소한 단어다. 식물을 뜻하는 파이토phyto와 영양물질을 뜻하는 뉴트리언트nutrient의 합성어인 파이토뉴트리언트는 식물영양소로서 자외선, 미세먼지, 산화, 스트레스 등으로부터 식물 자신을 보호하기 위해서 만들어내는 생리활성물질로 체내항산화제와 항염증제로 작용한다.

가장 많이 알려진 효능은 항산화(antioxidative)작용이다. 우리 몸의 세포를 공격하는 프리래디칼Free Radical을 억제하여 세포 내 DNA 손상을 방지하고 손상된 세포를 복구하는 데 식물영양소가 도움을 준다.

만약 물건을 어디에 두었는지 자주 깜빡한다면 파이토뉴트리언트를 더욱 충분하게 섭취해야 한다. 파이토뉴트리언트는 '공간기억' 활동을 증가시키고 신경보호경로를 만들어내기 때문이다.

파이토뉴트리언트는 채소나 과일의 고유한 색이 포함되어 있으며, 식물 고유의 색으로 '파이토컬러Phyto-Color'로 분류할 수 있다. 대표적인 5가지 파이토컬러는 빨간색, 보라색, 초록색, 노랑색, 흰색으로 나뉘며 각 색깔별 고유의 특성으로 영양과 작용이 달라진다. 편식된 채소나 과일 섭취에서 벗어나 파이토컬러를 통한 균형을 맞춘 식물성 영양소 섭취가 매우 중요하다.

베타글루칸

나이가 들수록 집중력과 기억력이 줄어드는 것은 자연스러운 일이다. 뇌세포가 그만큼 감소하기 때문인데, 그래서 깜빡 잊어버리는 건망증이 일어나는 것도 같은 이유다. 하지만 스스로 잊어버렸다는 사실을 인지한다면 심각한 수준은 아니다.

하지만 건망증이 잦아지거나 나이가 들면서 흔히 말하는 알츠하이머, 치매와 같은 질병이 걱정된다면 우선 집중력과 기억력을 높이는 영양소부터 찾아보는 게 좋다.

그중 오트밀은 공간적 기억력과 집중력에 도움이 된다. 토론토대학의 연구팀은 22~79세의 남녀를 대상으로 설탕이 많이 가미된 시리얼이나 도넛을 아침 식사로 하는 사람보다 오트밀과 같이 단맛이 덜한 시리얼을 아침으로 먹는 사람의 기억력 상태가 더 좋다고 발표했다.

오트밀은 귀리를 빻아 모양을 낸 가루이고, 귀리는 보리와 비슷하게 생겼지만, 그 보다 약간 더 갸름한 생김새다. 물론 오트밀 자체가 도움이 되는 것은 아니다. 오트밀에 들어 있는 베타글루칸이 그 효능의 중심이다. 베타글루칸은 뇌에 천천히, 하지만 지속적으로 포도당을 공급해 준다. 이러한 베타글루칸은 약용버섯에는 대부분 함유되어 있지만 특히, 꽃송이버섯, 표고버섯과 상황버섯이 베타글루칸 함량이 높다.

베타글루칸의 항암 효과

베타글루칸은 효모의 세포벽, 버섯류, 곡류 등에 존재하는 물질이다. 최근 면역에 대한 관심이 드높아지면서 베타글루칸도 그 효능이 점차 알려지고 있다. 베타글루칸의 효능 가운데 특히, 효과적인 것은 바로 항암, 면역 증강 효과이다.

베타글루칸의 항암제 효능을 발견한 것은 꽤 .

1970년 일본 국립암연구소 소장 치하라 고로 박사는 버섯 추출물이 항암효과가 있다는 것을 발표했다. 그리고 1980년대에 일본에서는 표고버섯에서 렌티난을 비롯하여 항암제를 3가지 이상 개발했다.

당시 일본인은 암을 치료하면서 성공적으로 수술을 마쳤음에도 전이가 일어나 사망하는 문제를 해결하려 노력했고 이러한 방법을 면역학적으로 접근했기 때문에 오래 전부터 암과 면역에 대한 연구가 빈번했다. 또한 버섯에서 베타글루칸의 효능을 연구한 역사도 길다.

1991년 이탈리아 북부 티롤 지역 알프스의 만년설 속에서 약 5천 년 전의 석기시대에 살았던 아이스맨 외치의 미라와 함께 두 종류의 서로 다른 버섯 가루가 발견됐다. 해당 버섯 가루는 허리띠에 매달린 2개의 주머니에 각각 담겨 있었는데, 학자들은 이 중 하나는 불을 피우기 위한 목적으로 사용된 것이지만, 다른 하나는 약용버섯으로써 항생제의 역할도 할 뿐 아니라 장에서 발견된 기생충을 제거하는 데 도움을 주었을 것이라는 의견을 제시하였다.

베타글루칸은 단독 투여하거나 혹은 섭취만으로도 항암효과가 있다. 현재는 항암제의 보조치료법으로 사용하고 있는데, 항체의약품으로 암을 치료하면 치료율을 높일 수 있다는 점을 동물실험을 통해 알아냈다. 항체가 암세포에 결합해도 보체 의존 세포독성(CDC)에 의한 암세포 사멸이 일어나지 않았지만, 베타글루칸을 투여할 경우 대식세포의 CR3에 결합하게 되고, 이 상태에서 대식세포는 CDC 반응을 일으켜 암세포를 더 효과적으로 제거할 수 있는 것으로 알려져 있다.

미세아교세포, 사이토카인 폭풍에서 보았듯이 대부분의 경우에는 면역반응을 늘이면 염증반응도 함께 증가하는 것이 일반적이다. 면역력을 이상적으로 증가하면 실험동물은 적은 양만 투여해도 죽을 수가 있다.

하지만 베타글루칸은 대식세포를 자극하기는 하지만 항염증성 사이토카인의 분비와 염증반응을 억제하는 경향이 있어서 위험성이 높지 않다.

베타글루칸의 면역 효과

비록 베타글루칸은 암세포를 직접 공격하지는 않지만 치료율을 높이고 우리 몸의 정상세포에 면역기능을 활발하게 활성화하는 역할을 한다.

베타글루칸이 면역력을 높여 주는 일련의 과정은 다음과 같다.

우선 베타글루칸은 장에서 흡수돼 세균 같은 물질을 잡아먹는 '대식세포'라고 불리는 면역세포에게 잡힌다. 그리고 대식세포 안에서 작은 조각으로 잘려진다. 일련의 과정을 거친 후에 대식세포는 그 조각들을 내보내는데, 이러한 조각이 다른 종류의 면역세포의 활성화에 영향을 미치면서 우리 몸에 면역반응이 최종적으로 활성화된다.

베타글루칸은 대식세포를 활성화해 암세포가 있는 세포로 들어가 면역력을 증진하는 역할을 할 수도 있는 셈이다. 실제로 항암치료를 받는 암 환자는 탄수화물 · 단백질 · 지방 등 다양한 영양소와 항산화 성분을 섭취해야 하는데, 이때 베타글루칸은 수용성 식이섬유로 장내 유익균의 먹이가되어 장의 원활한 활동을 돕는다. 베타글루칸의 특징의 하나가 간을 보호하는 것인데, 실험쥐의 간에 알코올 등으로 손상을 준 후 베타글루칸을 복용하면 이에 대한 피해가 줄어드는 것을 확인했다.

베타글루칸은 또한 나쁜 콜레스테롤의 일종인 LDL 콜레스테롤을 제거하기 때문에 흔히 '내 몸 안의 관리자'라고 불리기도 한다.

캐나다 농업 · 식품부 산하의 연구기관으로 마니토바주 위니펙에 위치한 곡물연구소의 낸시 P. 에이미스 박사 연구팀은 "가용성 식이섬유의 일종인 베타글루칸을 다량 함유한 보리가 인체에 유해한 저밀도 지단백 콜레스테롤 수치를 낮추는 데 상당한 효과를 발휘할 수 있을 것이다." 라고 전한 바가 있다. 특히 에이미스 박사는 베타글루칸이 함유된 보리를 매일 35g씩 섭취하면 콜레스테롤 수치가 낮아지고 저밀도 지단백 콜레스테롤 수치또한 감소시킬 수 있다고 전했다.

실제로 2012년 캐나다 보건부에서도 귀리나 보리 등 곡류에는 콜레스테롤 수치를 낮추는 데 도움이 된다고 공식 인정한 바 있다. 이에 따르면 익힌 쌀보리 125㎖는 베타글루칸을 포함한 섬유소 1일 섭취량의 60%를 함유하고 있고, 이는 콜레스테롤 수치를 낮추는 데 도움이 되는 수치다.

미국의학회는 베타글루칸 섬유소의 적정 섭취량을 1,000kcal 당 14g, 또는 남성 1일 38g, 여성 1일 25g으로 정해놓고 있다. 성인이 된 후에는 나이가 들수록 칼로리는 적게 소모하기 때문에 50대 이상의 남성과 여성은 각각 30g, 21g의 섭취량을 권장한다. 만약 베타글루칸 섭취가 힘들다면 감귤류, 사과, 배, 견과류, 렌즈콩 등을 대신 섭취해도 좋다.

맥주에 많이 들어 있는 잔토휴몰

술이라면 무조건 나쁘다고 말할 수 있는 시대가 끝났다. 시간이 지날수록 맥주 안에 있는 성분들이 생각지 못한 작용을 하면서 맥주의 이점도 나타나는 추세다. 물론 한두 잔 정도가 권장량이다.

맥주 안에는 뇌세포 손상을 막아주는 잔토휴몰이란 성분이 있다. 잔토휴몰 성분은 각종 뇌질환 치료에 도움이 되어 전문가를 비롯한 많은 사람의 관심을 받고 있다.

잔토휴몰은 맥주의 주원료로 쓰는 호프hops에서 분리 추출한 것으로, 호프를 알면 잔토휴몰을 알 수 있다.

호프는 서늘한 지역에서 잘 자라는 뽕나무과 식물로써 이 나무에 달리는 암꽃이 맥주의 주원료로 쓰인다. 맥주의 쓴맛과 특유의 맛을 내는 데 필수인 성분인데, 호프가 맥주에 쓰이기 전에는 신경안정제 및 수면제로 쓰였다. 그러던 중

19세기에 접어들면서 호프에 혈당을 내리는 효능이 있다는 것을 발견했고, 최근에는 항생제, 근육이완제로도 효과가 있으며 여성호르몬, 갑상선 기능에도 작용한다는 사실을 발견했다.

잔토휴몰의 효능 중에서 첫 번째는 뇌졸중 위험을 감소시킨다는 점이다.

일본 홋카이도대학원 연구진은 삿포로 맥주의 잔토휴몰이 동맥경화를 예방하는 효과가 있다는 사실을 발견했다고 밝혔다. 하버드 연구에 따르면 적당량의 맥주를 마시는 사람들이 맥주를 마시지 않는 사람들에 비해 최대 50%의 확률로 뇌졸중 위험을 줄일 수 있다고 밝혔다. 허혈성 뇌졸중은 혈액이 굳어 흐름을 차단할 때 발생하는데, 맥주를 마시면 동맥이 유연해지고 혈류가 좋아진다. 결과적으로 혈전이 만들어지지 않고 뇌졸중 위험이 떨어지게 된다.

잔토휴몰의 효능 두 번째는 콜레스테롤 감소다.

미국 오리건주립대학교 연구팀은 과학 전문지 「생화학과 생물물리학 기록(The Archives of Biochemistry and Biophysics)」에서 "맥주의 원료로 쓰이는 홉 열매에 들어 있는 잔토휴몰은 대사증후군을 개선하고 체중 증가를 막는 효과가 있는 것으로 나타났다."라고 밝혔다.

연구팀은 생쥐를 대상으로 실험을 진행했다. 처음 쥐에게 고지방으로 식사를 하게 한 뒤, 잔토휴몰을 0, 30, 60㎎씩 주입했다. 그러자 잔토휴몰을 60㎎ 주입받은 생쥐는 나쁜 콜레스테롤 수준이 80%, 인슐린 수준은 42%, 염증 표지 수치는 78% 감소했고, 체중 증가는 22% 덜했다. 즉 잔토휴몰은 나쁜 콜레스테롤과 인슐린, 염증을 감소하며 체중 증가를 막는 셈이다.

세 번째 효능은 항암효과다.

잔토휴몰에는 세균의 성장과 질병을 막을 수 있는 항생 효과가 있어 암 및 염증성 질환에 도움이 된다. 이를 바탕으로 아이다호대학 과학자들은 맥주가 암을 치료할 수 있다는 연구 결과를 발표했다.

독일 암 연구소는 뮌헨 공대에 잔토휴몰 강화기술 개발을 의뢰하여 일반 맥주보다 잔토휴몰이 훨씬 더 많이 함량된 맥주를 개발했다. 이른바 '항암맥주'라고 부르는 이 맥주는 일반 맥주보다 잔토휴몰이 10배나 더 많이 함량되어 있다.

또한 호프는 알츠하이머 병의 위험도를 줄여 준다.

일본 준텐도대학 연구팀은 맥주의 주원료인 호프와 치매의 언관성을 「알츠하이머병 저널」에 발표했다. 연구진은 인지기능 저하를 느낀 중고령자 100명을 대상으로 호프를 투여한 그룹과 그렇지 않은 그룹으로 나누고 12주간 투여했다. 그리고 매주 신경 심리테스트를 실시하고, 인지기능을 테스트했다. 그 결과, 호프를 투여받은 그룹의 주의력은 높아졌고, 불안감은 낮아졌으며 스트레스 변화는 적었다. 연구팀은 이러한 결과를 두고 "식사를 이용한 새로운 치매 예방법 개발이 이어지기를 바란다."라고 밝혔다.

맥주의 성분 가운데 우리 몸에 이로운 또 다른 성분으로는 크롬이 있다.

맥주 효모에는 크롬이 함유되어 있는데, 크롬은 인슐린을 활성화하는 역할을 한다. 이는 곧 당뇨병 개선에 도움을 준다. 실제로 2011년 하버드대학의 연구진들은 매일 한두 잔씩 맥주를 마시는 중년 남성을 대상으로 연구한 결과 제2형 당뇨병 발병 위험이 25%까지 줄었다고 밝혔다. 이처럼 맥주는 식이섬유로써 당뇨 환자에게 도움이 되는 수용성 섬유의 공급원이 되기도 한다.

또한 맥주에는 앞서 설명한 베타글루칸이 다량 함유되어 있어 면역, 항암효과도 기대해봄직 하다. 그러나 과하면 오히려 해로울 수 있고 모두에게 이로운 것은 아니다. 채질에 따라 흡수력 등이 달라지므로 적정한 섭취가 중요하다.

항암, 면역효과가 있는 또 다른 식품을 알아보자.

토마토

토마토는 특히, 라이코펜과 베타카로틴이 함유되어 있다. 라이코펜은 붉은색을 만드는 성질인데, 이 성질은 활성산소를 몸 밖으로 내보내는 동시에 전립선, 유방암, 소화기 계통 암을 예방하는 데 도움을 준다. 영국 케임브리지 · 옥스퍼드 · 브리스톨대학 공동 연구팀에 따르면 토마토 또는 토마토와 같은 성분이 함유된 식품을 150g 매주 10회 이상 먹은 남성은 전립선암에 걸릴 위험이 18% 감소했다.

또한 토마토에는 비타민 K가 많이 함유되어 있는데, 비타민 K는 칼슘 농도 조절에도 관여하는 영양소다. 비타민 K가 부족하면 뇌에 있는 칼슘의 농도를 조절하지 못해 뇌에 손상이 생겨 치매의 원인이 될 수 있다.

캐나다 몬트리올대학교 연구진은 치매 초기증상을 보이는 환자와 건강한 사람의 비타민 K 섭취량을 살펴본 결과, 초기 치매환자가 훨씬 더 적게 비타민 K를 섭취했다고 밝혔다.

토마토는 익혀 먹을 때 흡수율이 가장 좋다. 토마토 속에 있는 라이코펜과 지용성 비타민은 기름에 익혀야 흡수가 잘되므로 껍질까지 볶아서 먹으면 가장 효율적으로 섭취할 수 있다.

사과

사과 특히, 껍질에는 플라보노이드가 풍부하다.

미국 터프츠대학 연구진은 성인 2,800명을 20여 년에 걸쳐 식단을 확인하고 건강검진을 공유하는 등 추적 관찰했다. 그 결과, 플라보노이드를 많이 섭취한 이들은 적게 섭취한 이들에 비해 치매에 걸릴 위험이 40% 낮다는 사실을 밝혀냈다. 플라보노이드를 많이 섭취한 그룹은 대부분 한 달에 사과를 7, 8개씩 섭취하는 것으로 드러났다.

녹차와 당근

미국의 서던 캘리포니아대학 의대는 녹차 속에 함유된 항산화물질 에피갈로카테킨 갈레이트(EGCG)와 당근이 가진 페룰산 성분을 이용해 동물실험을 시행했다. 연구의 목적은 알츠하이머 증상 중 하나인 기억력 손상의 회복에 위 두 물질이 기여한다는 것을 밝히는 것이었다.

연구진은 치매 증상을 보이는 쥐와 정상 상태인 쥐를 두 그룹으로 나눈 후, 치매증상이 있는 쥐에게 EGCG와 페룰린 등을 투여했다. 그 후 치매환자에게 실시하는 다양한 검사를 실험쥐에게 시행했는데, 약 3개월이 지난 시점에서 EGCG와 페룰린을 투여받은 쥐들은 기억력과 사고력을 완전히 회복했다. 연구팀은 이 결과가 EGCG와 페룰린이 알츠하이머 치매의 원인인 베타 아밀로이드를 생성하는 데 방해했기 때문이라고 설명했다. 실제로 베타 아밀로이드는 신경세포를 죽일 때 발생하기 때문에 이러한 발견은 곧 녹차와 당근이 알츠하이머 예방에 도움이 된다는 것을 입증한 셈이다.

젊어지는 뇌, 늙어가는 뇌

늙어가는 뇌

2050년까지 노인(65세 이상) 인구는 역사상 최고치 1,900만 명까지 증가할 것으로 전망했다. 처음으로 어린이 인구의 두 배가 될 것으로 추정된다. 건강관리 비용을 경감하고 삶의 질을 높이려면 노화의 영향을 지연시키거나 역전시킬 수 있는 방법을 찾는 것이 중요하다.

삶의 질에는 건강과 관련된 다양한 것들이 있고 거울 앞의 피부노화는 세월의 흔적이 남아 있다. 그러나 과학의 발달로 세월의 흔적을 지우는 연구가 활발해지고 노화를 천천히 가도록 하는 연구가 하나 둘씩 밝혀지고 있다.

노화는 뇌와 중요한 상관관계를 가진다. 그리고 빠르게 뇌 노화를 진행하

고 피부조직, 근육소실 등 많은 신체 부위를 퇴화로 이끈다. 이 원인 중 하나는 염증과 산화 스트레스이다.

염증과 산화 스트레스는 뇌 노화에 중요한 역할을 한다.

노년의 뇌는 명백한 질병이 없는 경우에도 신경염증반응에 민감하게 반응하며 중추 염증에 대한 증가는 빠르게 뇌 노화를 가속화 할 수 있다.

염증반응과 관련된 활성화된 면역세포는 산화 스트레스의 주요 원인이다. 나이가 들어감에 따라 뇌 건강을 유지하고 인지기능을 활성화 하려는 노력은 신체장애, 치매 및 노화현상을 억제하는 데 중요하다.

관련 연구자료에서 과학중개의학에서 이스라엘 네게브 벤-구리온대(BGU)와 미국 캘리포니아(버클리)대 협동연구팀은 쥐에게 염증을 감소시키는 물질을 투여하여 뇌의 비정상적인 활동 징후가 줄어들었고 뇌의 인지능력이 향상되었다고 보고했다.

노화는 단백질 응집, DNA 손상, 미토콘드리아 기능장애, 리소좀 기능장애 및 유전적 조절의 변화를 포함한 여러 항상성 과정의 파괴를 나타낸다. 뇌 노화는 세포 손상의 근본적인 시작점으로 간주된다. 게놈 불안정성, 텔로미어 문제, 조절되지 않은 에너지 대사, 미토콘드리아 기능장애, 줄기세포 고갈과 같은 노화 과정을 형성하며, 뇌에서는 신경교세포 활성화와 염증이 확산된다.

젊어지는 뇌

그럼 일상생활에서 노화를 억제하기 위해 우리는 무엇을 해야 할까?

뇌와 몸에 중요한 것은 러닝머신 위를 걷는 것이 아니라 다양한 환경에서 움직이는 것이다. 그것은 우리의 뇌에서 꼭 필요한 능력을 만들어내고 뇌와 몸을 유지하는 직구라고 생각한다.

지금까지 들었던 이야기 중 당신은 뇌와 몸의 건강을 위해 먹어야 할 음식과 먹지 말아야 할 음식에 대해 많은 것들에 대해 이미 알고 있었거나 실천을 해왔을 수도 있다. 그러나 계속 생각이 바뀌고 몸과 뇌에서는 본질적인 것을 요구하고 있다. 지난 몇 년 동안 우리가 본 의학적 혁신이 많은 변화를 주고 있다. 우리가 알고 있는 많은 것들이 수명을 연장하거나 건강을 연장하지 않는다. 탄수화물만 먹거나 단백질만 먹거나 그런 식으로는 본질적인 수명연장과 건강함을 얻을 수 없다.

가장 본질적인 요소는 신체 활동일 것이다. 앉아 있는 생활 방식이 비만, 당뇨병, 심혈관질환, 치매를 포함하여 염증 증가와 여러 증후군의 위험이 있다는 것은 잘 알려져 있다. 적당한 수준의 신체 활동은 염증 감소와 관련이 있으며, 이는 노화의 기능 및 인지저하 진행을 상당히 늦출 수 있다. 예를 들어, 노년층의 규칙적이고 빠른 걷기(하루에 약 30분)를 포함하는 유산소 운동 요법은 인지능력의 향상과 전전두엽 및 정수리 부위의 대뇌피질의 뇌 활성화 변화와 관련이 있다. 젊은층에게서 볼 수 있는 것과 매우 유사하며 머리 좋은 학생에게서도 나타나는 현상이다. 또한 규칙적인 신체 활동은 뇌의 회백질의 양 및 인지기능을 활성화 한다.

과일과 채소를 주축으로 하는 파이토컬러와 플라보노이드가 풍부한 식단이 노화와 관련된 미세아교세포의 염증반응의 크기를 감소시키고 결과적으로 인지 감퇴의 심각성을 완화할 수 있다. 또한 EPA, DHA의 섭취를 늘리면 전신 염증 감소와 관련이 있다.

흥미롭게도 EPA와 DHA는 혈장과 적혈구에 있는 지방산의 약 4%를 구성하는 반면, 인간 뇌 조직 특히, 회백질 조직의 인지질에 있는 지방산의 14~30%는 EPA와 DHA다. 따라서 식단에 포함된 형태에 따라 뇌의 노화에 영향을 미칠 수 있다.

그리고 뇌의 노화를 억제하기 위해 새로운 활동과 상황에 몰두하고 경험적 학습을 통해 인지건강을 향상시키는 노력이 필요하다.

뇌 노화억제를 위한 12가지 규칙

1. 나의 삶에 의미 있는 일에 몰두해 보기
2. 희망의 즐거움 가져가기 (슬픈 기억은 뇌 건강을 증진하지 않는다.)
3. 산책(운동)하면서 나의 심장 박동을 느껴보기

4. 나에게 맞는 절제된 식습관 방식 갖기 (뇌에 풍부한 식단과 행동 패턴 갖기)

5 미디어와 친해지기

6. 청년이나 나보다 젊은 사람과 대화하기

7. 나의 신체리듬 파악하기 (건강검진, 근육상태, 신경, 뇌의 인지상태, 생체리듬)

8. 나의 지혜와 지식을 파악하고 나의 일을 작게 시작해 보거나 지식을 나눠 주기

9. 한 번에 너무 많은 생각과 일을 줄이기

   멀티 태스킹은 중요한 것을 구별하기 어렵기 때문에 기억력에 영향을 줄 수 있다.

10. 햇빛을 많이 받기

   적정한 햇빛을 받지 못하면 뇌의 에너지가 빨리 소진되고 주의력이 약해진다. 일부 비타민 D의 보충으로 해결할 수 있지만 충분하지 않으며 햇빛에 충분히 노출하자.

11. 마사지 테라피를 받아보기

   혼자서도 할 수도 있겠지만 전문가의 근육 테라피 등 마사지 테라피를 받아보자. 짧은 시간의 마사지라도 코티솔 수치, 인슐린 수치를 낮추고 근육의 이완으로 안정된 신체리듬을 회복하는 데 도움이 된다.

12. 나에게 맞는 영양요법 챙기기

   뇌가 좋아하는 식생활과 신체활동으로 당신의 뇌는 젊어지기 위해 변화를 시작할 것이다. 뇌와 몸은 언제나 하나의 공동체다. 몸의 반응을 살펴보고 항상 긍정적으로 뇌와 대화를 시도해 보길 바란다. 뇌는 당신의 이야기를 들어줄 것이고 몸은 자연스럽게 건강하게 될 것이다. 억지가 아닌 자연스런 뇌몸 습관으로 즐거운 삶이 당신에게 다가가길 바란다.

건강하고 똑똑한 뇌를 위한

뇌몸 사용설명서

지은이 오철현
발행일 2022년 4월 19일
펴낸이 양근모
펴낸곳 도서출판 청년정신
출판등록 1997년 12월 26일 제 10-1531호
주 소 경기도 파주시 문발로 115 세종출판벤처타운 408호
전 화 031) 955-4923 팩스 031) 624-6928
이메일 pricker@empas.com